U0220711

本书得到2021年度浙江省省属高校基本科研业务费人文社科专项(重点项目)“基于中韩对比的韩国饮食文化溯源研究”(项目编号:2021RD005)资助。

韩国饮食文化研究

张学莲 著

·杭州·

图书在版编目(CIP)数据

韩国饮食文化研究 / 张学莲著. —杭州:浙江工商大学出版社,2022.3

ISBN 978-7-5178-4822-6

Ⅰ. ①韩… Ⅱ. ①张… Ⅲ. ①饮食—文化—韩国 Ⅳ. ①TS971.203.126

中国版本图书馆 CIP 数据核字(2022)第008680号

韩国饮食文化研究

HANGUO YINSHI WENHUA YANJIU

张学莲 著

责任编辑 张莉娅
责任校对 李远东
封面设计 浙信文化
责任印制 包建辉
出版发行 浙江工商大学出版社
(杭州市教工路198号 邮政编码310012)
(E-mail:zjgsupress@163.com)
(网址:http://www.zjgsupress.com)
电话:0571-88904980,88831806(传真)
排　　版 杭州朝曦图文设计有限公司
印　　刷 杭州高腾印务有限公司
开　　本 787mm×1092mm 1/16
印　　张 13.25
字　　数 236千
版 印 次 2022年3月第1版 2022年3月第1次印刷
书　　号 ISBN 978-7-5178-4822-6
定　　价 60.00元

序 言

本书聚焦韩国饮食文化，研究韩国饮食的构成、文化现象、文化源头及形成的深层原因等方面，从解读韩国饮食文化的角度给读者呈现一个更为立体的、真实的韩国。本书可供韩国文化相关研究者参考，也可作为本科生、硕士研究生国际视野和文化拓展类课程教材使用。本书得到了2021年度浙江省省属高校基本科研业务费人文社科专项（重点项目）“基于中韩对比的韩国饮食文化溯源研究”（项目编号：2021RD005）资助。

本书共分五章，第一章“韩食初见”研究韩国饮食文化形成的大背景，研究韩国人的餐桌文化以及韩食常用烹饪方法等；第二章“韩国味道”研究韩国饮食的结构体系，从日常饮食、食素之因、韩式甜点、特别饮食、街头饮食、韩流风潮与韩食国际化等多方面研究韩国各地的美食文化及形成的原因；第三章“五味之外”研究韩国的发酵文化，以酱文化和泡菜文化为主要研究对象，揭示韩国独特的发酵文化形成的原因；第四章“牛里乾坤”主要研究韩国人对韩牛的痴迷之因；第五章“韩食哲学”研究在韩国广为流传的“身土不二”“不时不食”“五色五味”“药食同源”等饮食哲学。

本书从初稿到定稿历时两年，其间笔者翻阅了大量相关中韩典籍，得到了王捷教授、刘法公教授、许金权书记的鼓励与大力支持，校稿工作得到了陈超老师的积极协助，在此表示衷心的感谢。

本书出版前，笔者通过多种渠道与书中使用的图片的作者进行了联系，得到了他们的大力支持,在此对原创作者表示衷心的感谢!但仍有部分图片的作者未能取得联系,恳请相关作者与我们联系,谢谢!

张学莲

浙江海洋大学外国语学院

2022年1月

目 录

第一章

韩食初见

韩国，全称大韩民国，是我国隔海相望的近邻。中韩自1992年8月24日建交以来，两国在经济、文化等多方面取进行了合作、交流。随着21世纪初一部名为《大长今》的电视剧风靡亚洲，以韩国影视和韩国流行文化为代表的"韩流"席卷全球，其中韩国饮食文化以其精美的摆桌、华丽的五色外形、营养均衡的健康等备受推崇。

韩国人的餐桌是不是和《大长今》中一样每天都那么华丽和丰富？餐桌的摆放有什么讲究吗？韩国的饮食文化是怎么形成的呢？带着这些问题，接下来就跟随笔者的文字走进韩国、走进韩国饮食文化吧。

第一节 朝鲜半岛概况

2021年7月，在日内瓦举行的联合国贸易和发展会议第68届贸易和发展理事会上，韩国被正式认定为发达国家。2020年，韩国虽因疫情影响巨大，但经济整体仍表现良好，GDP约1.63万亿美元，人均GDP为3.15万美元。本节我们将从韩国的地理位置、朝鲜半岛古今社会和朝鲜半岛各地人的性格方面来认识韩国。

一、朝鲜半岛地理概况

朝鲜半岛三面环海，位于亚洲大陆东北部并向南突出，东濒日本海，西临黄海，北以鸭绿江、图们江同我国为邻，东北一角与俄罗斯接壤，东南隔朝鲜海峡同日本相望。

朝鲜半岛古代的高丽王朝、朝鲜王朝自称拥有“三千里锦绣江山”，南北分治后大韩民国和朝鲜民主主义人民共和国也继承了这一说法，在各自国歌中都有“三千里江山”的表述。朝鲜半岛古代的计量单位“朝鲜里”大约为0.4公里，所以一千(朝鲜)里大约就是400公里。“三千里江山”的说法包括了三段一千里的路线，即从釜山到首尔一千(朝鲜)里、从首尔到新义州一千(朝鲜)里以及从新义州到图们江一千(朝鲜)里，总计三千(朝鲜)里。

朝鲜半岛南部和北部的气候差异很大。位于半岛南部的韩国，因朝鲜暖流的影响，气候具有海洋性特征，而半岛北部的朝鲜则具有明显的大陆性气候。受气候影响，半岛各地的动物与植被不尽相同，各地人们的性格也不尽相同。人们依山临水而居，形成了多样的富有浓郁地域特色的饮食结构，故食物花样繁多，饮食文化丰富多彩。半岛全域中有些地方喜辣，有些地方喜咸，有些地方喜吃海鲜，有些地方喜吃山货，而这一切都是由当地的自然条件等所决定的。朝鲜半岛特别是半岛南部的韩国至今还保有“身土不二”和“不时不食”等饮食观念。

朝鲜半岛经过历代政权的交替，到了朝鲜王朝（即李氏朝鲜）初期，形成了咸镜道、平安道、黄海道、京畿道、江原道、忠清道、全罗道、庆尚道等八个一级行政区域，也就是常说的朝鲜八道[1]。直到朝鲜王朝末期的朝鲜高宗三十三年（1896）时，朝鲜为日本侵占，改称韩国。次年（1897）朝鲜王朝国王李熙（1864—1907）称帝，改国号为“大韩帝国”。为了给称帝造势，李熙效仿中国古代帝王，将平安道、咸镜道、忠清道、全罗道和庆尚道分别拆为南、北两道，从而将传统的朝鲜八道扩充为十三道（十三在古代中国是祥瑞之数）。

到了现代，朝鲜和韩国分别占有朝鲜八道的不同区域，双方各自占据一半左右的江原道，所以两国都设有江原道。

朝鲜八道各道的名称其实来源于各道域内较大城市名称的首字，如庆尚道由庆州和尚州的首字构成。在韩语日常用语中经常会用“朝鲜八道”来代指朝鲜半岛全域。八道旧时各有别称，“关北”指咸镜道，“关西”指平安道，“关东”指江原道，“海西”指黄海道，“畿甸”指京畿道，“湖西”指忠清道，“湖南”指全罗道，“岭南”指庆尚道。政治派系出身自古便以这些地域别称来指代，例如至今仍活跃在韩国政坛的“岭南派”和“湖南派”。

现在将视线对焦到位于朝鲜半岛南部的韩国。韩国，北部以“三八线”为界，与朝鲜民主主义人民共和国相邻，其余三面被黄海、朝鲜海峡和东海环抱，为典型的半岛地形，总面积10.329万平方公里（占朝鲜半岛面积的45%），海岸线总长约5259公里。韩国通用语言为韩语，总人口约为5200万，民族为单一民族，50%左右的人口信奉佛教、基督教、天主教等宗教。全国行政区划被划分为1个特别市：首尔（旧称“汉城”“汉阳”）特别市；2个特别自治市（道）：世宗特别自治市、济州特别自治道；8个道：京畿道、江原道、忠清北道、忠清南道、全罗北道、全罗南道、庆尚北道、庆尚南道；6个广域市：釜山、大邱、仁川、光州、大田、蔚山。韩国多丘陵少平原，地势北高南低，东高西低，其中2/3是山地和丘陵；而丘陵大多位于南部和西部，西海岸河流沿岸有辽阔的平原。其境内主要山脉包括太白山脉、小白山脉和车岭山脉。韩国气候宜人，年均气温约为13°C—14°C，年均降水量约为1300mm—1400mm。

二、朝鲜半岛古今社会概况

为了更好地理解具有鲜明特色的韩国饮食文化形成的社会氛围和历史脉络，我们首先来简要了解下朝鲜半岛的古今社会概况。

朝鲜半岛先后历经统一新罗、高丽王朝、朝鲜王朝、大韩帝国、日本殖民时期直到南北分治来到现代韩国。其中高丽王朝(918—1392)、朝鲜王朝(1392—1910)是古代朝鲜半岛社会发展的高峰期。918年，泰封君主弓裔部下起事推翻弓裔，拥立王建为王，935年合并新罗，936年灭后百济，建立高丽王朝，也被称作“王氏高丽”。高丽历经34代君主，共475年，1392年李成桂废黜恭让王(王瑶)自立，建立了朝鲜王朝。著名的“两班”贵族就是在高丽王朝和朝鲜王朝时期出现的官员贵族阶级。

“两班”制度开始于高丽王朝时代。朝鲜太祖李成桂开国之后，也承袭了高丽王朝时代的旧制，形成了新兴的文班与武班，文班与武班成为朝鲜王朝的统治阶层，垄断了国家的一切权力。上朝时，王坐北朝南，文官在东、武官在西，分列两旁，“两班”即指这些官员。所以狭义的“两班”仅指能够进入大殿的朝臣，后来“两班”被引申为和“两班”官员相关的利益集合体，即“两班”的家族、家门。通常，“两班”子弟通过科举和荫职取得官位，同时也通过姻亲关系来维持“两班”的地位，因此“两班”阶级具有世袭的特色。

高丽王朝和朝鲜王朝的官职体系大体效仿我国唐、宋、明朝建制。朝鲜王朝的官职仿照中国也分九品，由正一品到从九品，共计十八级。其中正三品分正三品堂上和正三品堂下。正一品至正三品堂上称为堂上官，可以在王的大殿中进行议事，其服饰仿照明朝样式制作。正三品堂下到正七品称为堂下官或参上官。正七品以下为参下官。可见如果要真正成为“两班”官员，至少要成为正三品堂上。在王之下，有最高的辅佐机关议政府，其长官为领议政，相当于明朝的内阁首辅大臣。领议政下设左右议政，与领议政同为正一品。再下为从一品左右参赞、舍人等。议政府之下有吏、户、礼、兵、工、刑六曹，相当于中国的六部。其长官称判书，相当于中国的六部尚书。检察谏议机构为司宪府和司谏院。此外，还有承政院，为王起草旨意。宗亲、忠勋机构有宗亲府、忠勋府、仪宾（相当于驸马）府、敦宁府等，国学为成均馆（相当于中国的国子监），其他机构有奎章阁、经筵厅、弘文馆、艺文馆、春秋馆（史馆）等。内廷供奉机构有内医院（医疗机构）、内侍府（掌管膳食、传令、守门、打扫等）、内赡寺（掌管宫中各殿以及朝中二品以上大臣的食物等）、司饔院（掌管膳食）、内需司（掌宫廷内用的米布、杂物和奴婢宫人等），还有典医监（负责训练医官）、活人署（负责救治都城病人）、义盈库（掌管油、蜜、黄蜡等）、司圃署（掌管园圃、蔬菜等）等。

科举制度是中国封建社会创立的一种以考试成绩为标准选拔官员的制度，面向全天下公开竞争选拔官员，创于隋，兴盛于唐宋，一直延续到明清两朝，前后实行超千年。高丽太祖在建国之初，即确立学习借鉴当时中国的先进儒家文明以发展其民族文化的国策，开始实施科举制，其考试内容就是儒家经典，主要以“三礼”（即《礼记》《周礼》和《仪礼》）、“三传”（即《左传》《公羊传》和《谷梁传》）为应试内容。虽然后来从高丽王朝改朝换代为朝鲜王朝，但是科举制度一直没有中断过，是高丽王朝和朝鲜王朝两朝选拔人才的重要途径，直到1894年朝鲜王朝实行“甲午更张”废除科举，历时近千年。

高丽王朝时期，王族和贵族牢牢垄断着政权，朝堂上重要的位置始终由几个核心大姓权贵轮流掌控，非常类似于我国东晋时代的门阀政治。高丽王朝虽然也设有科举制度，但因贵族拥有最好的教育资源并且设置了重重限制，普通学子并没有太多机会出人头地。朝鲜王朝的科举考试分为大科（文科）、武科、小科（司马试）和杂科四种。大科为高级文官考试，最受重视，只有“两班”子弟才有资格参加，考试合格者获得“红牌”证书。武科为高级武官考试，合格者获得“红牌”证书。小科又分为以“四书”“五经”为考核内容的生员科和以诗赋、表策等为考核内容的进士科。杂科为技术官考试，分为译科（主考汉语、蒙古语、女真语、倭语）、医科（主考医学）、阴阳科（主考天文、地理、命理学）、律科（主考律学）。其中，医科考试在典医监进行。“两班”的庶子或中人，在技术馆中学习技术，等熟练之后便可以参加杂科考试。

朝鲜王朝时期社会等级观念较重，“两班”阶层世代承袭身份，不用向国家纳税，不用当兵打仗。朝鲜太祖李成桂刚建国时，当时社会还只有“两班”

和平民两个阶层。之后，李成桂不顾大臣反对，决定立时年十一岁的幼子李芳硕为世子，引起了在李成桂推翻高丽政权中立下了汗马功劳的时年三十一岁的五子李芳远的不满，之后李芳远在王宫正宫景福宫发动政变，杀死了其弟李芳硕，史称“第一次王子之乱”，又称“戊寅靖社”。李芳远继位后，将朝鲜臣民进一步阶级化，社会被分为四大阶层，即士大夫（“两班”贵族）、中人、平民、贱民。这是因为当时随着“两班”阶层的迅速扩大，内部利益已经不够分配，“两班”内部产生了激烈的争斗，李芳远为稳定统治，颁布了“庶孽禁锢法”用来控制“两班”的数量。为了减缓“两班”阶层人口增长的速度，该法令规定，“两班”家庭中妾侍所生的后代不再拥有“两班”身份，沦落为脱离“两班”圈子的另一个阶层，即中人，不得享受“两班”待遇，只能充当翻译、医官、捕快等低等级基层官员。平民阶层，即包括民人、良人、军丁、保人等。地位最低的阶层为贱民，包括奴婢、娼妓、白丁、专职工匠以及他们的后代，还有僧尼等。奴婢分为公贱和私贱。公贱为官府所有，又分为私奴婢和官奴婢等。官奴婢可通过训练成为医女，比如大家熟知的大长今的出身就是医女。经过医学训练选拔的官奴婢，成绩好的留在宫廷，其他的被送到惠民署以及各地监营为医女。燕山君时期，医女开始被迫承接宴会陪酒表演的工作，在当时被称为“药局妓生”，除要给女眷看病外，还要遭受“两班”贵族阶层的性压迫，后虽被朝鲜中宗严厉禁止，但医女的地位连宫女都不如，就连最低等级的宫女都可以役使她们。

后来，即使实行了“庶孽禁锢法”，“两班”贵族的人口仍未得到很好的控制，增长仍非常迅速，相对而言被剥削的平民和贱民越来越少。为了进一步遏制贵族人口增加，朝廷颁布了“从母法”，即规定子女的出身继承其母亲的社会阶层，因此即使贱民女子嫁给“两班”士大夫，其所生子女仍旧是贱民，彻底封锁了当时低层阶级的人想通过姻亲来实现阶级跃迁的路。和当时的中国一样，朝鲜王朝时期的婚嫁也讲究门当户对，士大夫不能娶平民或奴婢为正妻，只能纳她们为妾，她们所生的子女，依然只能保持平民或奴婢身份。所以，比如大长今的父亲虽然身居禁卫军武官高位，是贵族出身，但因她的母亲是贱民，她的身份也只能是贱民。同样，士大夫的女儿通常也绝不会与平民或贱民通婚。当然，贱民女子如果为“两班”庶出女，则有机会入宫为宫女，如被王宠幸，则有机会成为承恩尚宫甚至嫔御。英祖的生母崔淑嫔就是贱民出身，不过这类宫女在宫中地位非常低，形同官奴婢，被称为“水赐依”，甚至不能算作正式的宫女。当然，一些被贬官员和他们的家属也会被贬为贱民。

所以，在朝鲜王朝时代，母亲出身自“两班”贵族，且为正妻，孩子出生也自动成为“两班”贵族。如果母亲是妾，即使母亲出身“两班”贵族，其子女因是庶出，就只能成为中人，只能从事医官、翻译等职业。身份不同，科举考试资格也不同。“两班”贵族可以参加正常科举（大科、武科和小科），中人只能考杂科。可见，朝鲜王朝的科举制度只是为“两班”贵族服务的，普通学子即使才高八斗也几乎没有突破阶级屏障的机会。

即使“庶孽禁锢法”以及“从母法”这样严格的限制政策，也没有遏制“两班”贵族人口的膨胀，在朝鲜王朝末期，贵族人口甚至占到总人口的六成多，也就是说贵族比平民还多。

现在的韩国，在经历了快速工业化发展后成为世界上为数不多的发达国家之一，半导体、电子、汽车、造船、钢铁、化妆品等行业的产量均居世界前列。大企业集团在韩国经济中占有重要地位，主要财阀集团有三星、现代、SK、LG、浦项制铁、韩华等。

如同高丽王朝和朝鲜王朝时期一样，现代韩国阶级固化现象仍十分严重。“两班”阶层虽然不再有，但出现了财阀阶层。财阀阶层垄断了包括教育资源在内的几乎全部社会资源。如果不考入SKY（首尔大学、高丽大学、延世大学）等一流大学进入大企业，想出人头地，那是难上加难。

古代社会阶层的固化在饮食文化上的直接反映就是产生了“两班”贵族阶层以享受为目的的奢靡系饮食以及平民阶层以填饱肚子为目的的朴素系饮食。现代韩国的饮食文化和古代社会类似，继续沿着富裕阶层和平民阶层两条线发展。

三、朝鲜半岛人们的性格

朝鲜半岛虽然山地多,但是本土很早就开始农业生产,有着和中国一样的重农传统。虽然平民勤劳耕种着为数不多的田地,但因为产量不高,民间一直有节食的风俗,并善于存储食品。从高丽王朝到朝鲜王朝,长久以来一直是地主经济。地主并不进行耕种,佃户才是参与耕种的人。地主平日所需的米面等供给均来自佃户所交纳的地租,属于典型的自耕农业文明,也决定了在朝鲜半岛农耕类型的礼俗文化中,土地这一要素会十分突显。

根据记述朝鲜半岛各地风土人情的古典名著《八道四字评传》,朝鲜半岛各地方出身的人的性格不尽相同,各有优缺点。京畿道人善于言谈、社交,但流于轻浮,心理难以捉摸,如"镜中美人";忠清道人性格文静、举止端庄、内敛沉稳,但过于偏爱安逸,似"清风明月";庆尚道人自尊心强、果敢沉着,但易忽视他人利益,为"泰山娇岳";而全罗道人则温文尔雅、细心谨慎、善于应酬,若"风前细柳";江原道人温和善良、朴实无华,但性格偏优柔寡断,为"岩下古佛";平安道人勇猛躁急,有拼搏精神,然沉稳不足,为"猛虎出林";黄海道人吃苦耐劳、勤勉认真,但安于现状,类"石田耕牛";咸镜道人是"泥田斗狗",其性格坚毅、不怕吃苦,但有些偏执。显然,《八道四字评传》的描述有些过于绝对,有以偏概全之嫌,但仍可作为判断朝鲜半岛不同地域出身的人的基本性格的一个参考。

同古代中国一样,朝鲜半岛过去也基本上以小农经济为主,奉行男主外女主内的家庭结构分工。家庭中饮食起居都是由家里的女主人负责。长子成婚后要和老人一起居住以奉养老人,长媳会逐渐从婆婆手中接棒,成为下一代女主人。儒家思想传入朝鲜半岛后,朝鲜半岛便一直奉行"家父长制",男人们作为家中的经济支柱,享有绝对的权威,而"三从四德"等女德就成为束缚半岛女子的层层桎梏。古代的朝鲜半岛也形成了男尊女卑的社会伦理。虽然到了现代,韩国各行各业涌现出了许多女中豪杰,但这个思想仍颇有市场,对韩国现代社会的方方面面起着不可忽视的影响。

朝鲜半岛妇女自古就和中国妇女一样养成了吃苦耐劳、勤俭持家、贤惠温柔的品德。在礼教盛行的封建社会,侍奉公婆、丈夫,照顾儿女是女人的义务与责任。她们自小便被教育“女子无才便是德”,只要完全遵守女德要求,就是好母亲、好儿媳、好妻子。按照封建礼教,古时韩国男女七岁不同席,即男女七岁之后便不在同一张桌上吃饭。即便在家中,男女也必须分桌吃饭,女人要服侍男人吃好后才能自己吃。当时的女性在家中地位低微,无话语权,在社会政治生活中更没有任何权利,甚至连受教育的权利也被剥夺了,所以就更谈不上参加科举出仕等。当时社会,在封建思想的支配下,女人是不能进入学堂念书的。虽然富裕人家会聘请老师给家中未成年的女子进行女德方面的教育,但其实是加深这些封建思想的再教育,女子的聪明才智得不到培养和发挥。近年韩剧中经常出现的朝鲜半岛女子在古代叱咤风云的剧情不过是编剧们满足观众的猎奇心理以及美好的愿望罢了。

无论古代还是现代社会,朝鲜半岛妇女在世界各国妇女中一直是坚忍不拔、任劳任怨、勤奋刻苦的形象。“二战”时期,有一位学者在对一些国家妇女的工作量进行测定后撰写了一篇论文。该论文指出,朝鲜半岛妇女的工作量要比她们的男人高76%,比日本妇女高82%,比英国妇女高212%,比美国妇女高380%。[2]朝鲜半岛妇女的勤劳朴素给世人的印象非常深刻:那时的她们总是头上顶着或背后背着一个很大的包袱,手中领着孩子,急匆匆地在大街上赶路;穿着灰白色的衣裙,把裙摆系在腰间,在田里播种、插秧、除草、收割等。至今在韩国还能经常看到年长的老太太佝偻着腰,脊柱严重变形,有的甚至呈90度,这便是年轻时长期负重导致的。在家中,女人用她们瘦弱的身体承担着繁重的家务,有时还要遭受不公平的待遇,尤其是来自婆婆的刁难,但是她们没有抱怨,默默地承受着一切,对于朝鲜半岛的繁衍生息起到了决定性的作用。

20世纪中后期,由于美国驻军的影响,西方文化思潮传入朝鲜半岛,颠覆性地改变了韩国社会。受到西方各种文化的冲击,韩国的社会生活方式和民众的思想逐渐西化,出现了很大的改变。尤其是近年来,消费水平的提升、生活方式的改变及物价的上涨,导致家庭开支大幅增加,仅靠男主人的收入已经很难维持一个现代家庭的生活,越来越多的妇女逐渐走向社会,社会生活与家庭结构发生了根本性的变化。尤其在大城市，双职工现象越来越多。韩国《中央日报》报道，韩国统计厅发布的《双职工家庭与独居家庭雇佣情况》报告显示，以2018年下半年数据为准，在韩国有配偶的家庭中，双职工家庭占比将近五成（46.3%），达到历史最高水平。[3]女性进入社会参加工作，这在一定程度上减少了朝鲜半岛千百年来形成的男尊女卑的现象，但离男女平等就业、同工同酬仍有很大的距离，这在韩国的文学和影视作品中时有体现。

韩国饮食种类丰富、花样繁多，但由于农耕社会的传统，所以自古便以米为主食，配以各种蔬菜、肉食等，并以泡菜、大酱等发酵食品闻名世界。本节将从韩国人日常三餐的餐桌入手，从各色美食菜谱入手，透过韩国人的饮食习惯，以饮食文化的视角对其抽丝剥茧，发掘美食背后的文化现象，解析相关历史渊源，给读者呈现一个更加立体的韩国饮食文化体系。

第二节 韩国人的餐桌

韩国人的餐桌给予大多数人的印象是主食为米饭、菜色鲜艳、菜式丰富、盘碟用量多、筷勺为钢制、泡菜和大酱为基本配置等。这些特点是怎样形成的呢？在这一节，我们就聚焦韩国人的餐桌来一探究竟。

一、中国儒家思想对韩国饮食文化的影响

中华文化对韩国的影响颇深，特别是中国儒家思想（在韩国被称为“儒教”）对韩国的影响更是无法估量，韩国在朝鲜王朝时期甚至以“小中华”自居。在韩国仍保有大量长期形成并传承下来的各种礼仪规范。韩国人自幼便遵从这些礼仪规范，韩国官方也十分重视此类古礼的传承，通过各种途径进行宣传保护。

避席等古礼在中国的日常生活中已经逐渐被弱化甚至消失在历史长河之中，但至今仍大量存在于韩国人的日常生活中。韩国对传统礼仪传承的宣传是不遗余力的。韩国的众多影视作品对韩国人注重礼节、生活中随处可感受到“礼”的现象多有刻画。韩国的“礼”，其特点是注重地位、辈分、老幼、男女、亲疏，简单地讲就是注重社会秩序和尊卑。

为了将这种“礼”的精神具象化，韩语设置了敬语阶语法现象，不同的敬语针对不同的人来使用，如“思密达（습니다）”便是其典型代表，该用法代表了说话人对听话人最高的尊重和敬意。可以说，韩语本身就是一种礼仪阶层语言，它将人分成三六九等，说话的时候真的需要“看人下菜碟”。所以，这也可以解答韩剧中为什么动不动就要问一下对方多大、什么时候到公司的、什么时候入学的等。其目的都是首先要和对方序齿，评估对方的年龄、身份、地位等，然后选择合适的敬语阶，要定下一个开口的语阶环境才可以开口交谈，否则只能互相使用最高敬语阶。在其他国家，尤其在欧美国家，年龄、职业等均属于个人隐私，见面张口就问这些会是极不礼貌的行为，但

在韩国,因为说话需要守礼,所以韩国人之间开口便可以十分直白地提问这些看似失礼的问题,而受话方也不会感到有任何不适,也乐于解答这样的问题,以帮助两人尽快搞清楚相互的身份,从而在接下来的谈话中,选用合适的实词、虚词和句尾,以体现双方的阶层关系。特别是韩国人在“礼”的驱使下,在对年长及地位高者除要使用敬语之外,还要首先开口问候,同时配合点头或者鞠躬表达最高的敬意。

中国儒家的礼仪影响着朝鲜半岛的方方面面。例如,在与长辈同行时,要注意不可走在长辈前面;长者进屋时,大家要起立致敬;早上起床后和饭后要向父母问安;与长辈握手时,要用双手,或者用右手和对方握手的同时,左手也需握住右前臂表达和用双手握手同样的敬意。同样,中国儒家的礼仪对于韩国人的餐桌文化也影响颇深,形成了韩国非常注重食礼的文化传统。

节日期间或者重要场合,人们要身穿传统韩服。在使用炕桌就餐时,男人需要盘腿而坐,女人则需将右膝直立,方便随时起身服侍长辈。现代女性平时已经不常穿韩服,所以即便在使用炕桌吃饭时也只要把双腿收拢在一起就可以了,穿裙子的话,有时候会拿衣服遮挡一下。待所有人落座后,由年长的人主导点菜,定下后,服务员就会端上托盘送来餐具,并在餐桌上摆上各种开胃小菜。

同中国一样,好客也是韩国社会中拥有悠久历史的传统之一。韩国人家里如有贵客临门,主人会感到十分荣幸,并以好菜好酒招待之。主人希望客人可以尽兴,会劝客人多吃多喝。客人为了表示感谢也会配合多吃菜、多喝酒。客人吃得越多,主人越欣慰,感觉越有面子。韩国人在食物方面一直比较注意节约,外出就餐时基本上会先点一个基本菜量,不够再点。

二、韩食餐桌布局

受中国儒家思想的影响,“礼”在韩国无处不在,故韩国人在餐桌上自然也非常强调“礼”。这种对“礼”的追求,除体现在对食物的“食不厌精”和“脍不厌细”上之外,对食用不同食物时所使用的餐具以及餐具的摆放也很有讲究。

在韩国,韩餐馆一般是在厨房按分餐制将食物和餐具放在矮桌(见图1.1)或托盘(见图1.2)上然后送到每一位食客面前的。矮桌上摆有筷子、勺子、饭碗、汤碗、酱碟和小菜碟。各种餐具按其用途盛放不同种类的食物。餐具摆放的位置也有讲究,越是高档的餐厅或大户人家对餐具的使用和摆放就越讲究,也越能体现出"礼"在餐桌上的支配地位。

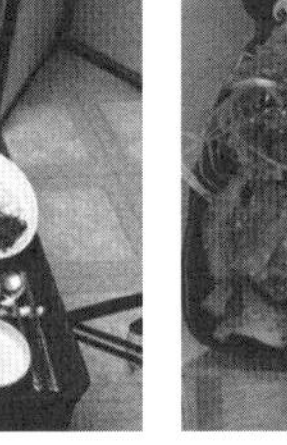

图1.1 矮桌式

图1.2 托盘式

和中国一样,韩国也是将主食与配合主食食用的副食明显区分开来的。在韩国,主食一般特指米饭,而其他各种类型的佐餐就是副食。这种主副食的区分可以追溯到确定农业为基本产业的朝鲜半岛三国时期,从那时起朝鲜半岛就开始形成了区分主食米饭和副食佐餐的这种君臣有别、相辅相成的饮食文化。

这种主食和副食的搭配形成了一个良性互补的关系。正如我国道教哲学体系中讲究阴阳协调一样,主食和副食就是这样一种和谐统一的关系。在韩国人的餐桌上,无论菜肴多么丰盛也绝不会撼动主食米饭至高无上的地位。甚至,有一些上了年纪的韩国人在教育后代好好吃饭的时候还会说:"你是韩国人,怎么可以不吃米饭?! 我们韩国人就是要吃米饭的!"可以说,韩国人元气满满的一天就是从一碗热气腾腾的米饭开始的。作为臣的副食佐餐最终的定位是可以提供无法从作为君的主食米饭中获得的营养成分的辅助性食物,其根本作用在于帮助人们更好地吸收主食所带来的基本营养,获得饱足感,同时补充各种微量元素和维生素。在韩食中,佐餐是用蔬菜、肉、海鲜等多种材料制作的。从摆有饭和各色佐餐的韩国餐桌上可以看出，韩餐不单单考虑到了食物的营养、味道，甚至对各色食物自身以及菜式之间的色彩搭配的呈现也都力求完美。

我们在去韩国的韩餐馆吃饭或是看韩剧时，经常能看到韩国人吃一顿饭会用上很多的碗碟。这么一堆大碗、小碗、大碟子、小碟子，摆在一起给人赏心悦目的观感，特别是盛装上各种美食后，更是诱人，连带着一餐饭的格调都在无形中拉高了不少，愣是让人吃出了丝丝的精致感和物质富足的优越感。然而，作为外国人在欣赏韩国食器结合之美的同时不禁会生出这样的想法：这样吃饭确实享受，可家里每顿饭都摆这么一堆碗碟，日复一日、年复一年，这么摆盘不辛苦吗？而且每顿饭都这么摆，光是洗碗这一项家务的工作量是不是就有些太大了啊？要知道，在韩国，家务活还是主要由家里的女人们承担的，她们不但要做饭刷碗，还要洗衣、打扫、采购……

确实，作为外国人有时难免会觉得韩国的餐桌过于烦琐，但是在韩国人看来一顿饭上很多碗碟是理所当然的事情。他们的这种餐桌习惯与朝鲜半岛自古物资相对匮乏有关。想想看，好不容易做了好吃的食物，当然要尊重，要爱惜，要细细地品味其中的美妙滋味。就像咱们中国人对美食色香味俱全的追求一样，韩国人也有“食物摆盘看着好看，味道也会提升”这样的看法。韩国人对于美食的这种尊重很自然地投射到了用餐时享受美食配美器所带来的精致感上，久而久之便形成了韩国人餐桌文化中重要的食器摆放礼仪，即摆桌(상차림，sangcharim)。

韩国人无论是在家中还是去餐厅，用餐时都很讲究餐具的使用。比如说，汤必须要用汤碗盛，饭必须要用饭碗盛，煎饼就要搬出大平盘子来方可一配，而所有的佐餐小菜则都要用小碟子来装，夹菜要用筷子，吃饭喝汤要用勺子。这些都是韩国的餐具使用礼仪，在韩国古籍中有专门篇幅来讲解和介绍。

在西方，正餐是按照汤品、前菜、主菜、甜点的顺序来提供的。在韩国，传统韩餐上菜却是用一个矮桌子或托盘一次性呈上各色食物后再享用。提供韩定食的餐厅的套餐摆桌方式很大程度上受到了西方套餐概念的影响，而非韩国的传统。韩国传统的摆桌是饭、佐餐和汤有机组合的产物。在过去，摆桌的呈现形式会随着食客的身份地位或使用场合（生日、婚宴等）的不同而存在差异。

从《园幸乙卯整理仪轨》等古文献中可以看出，朝鲜王朝时代的摆桌是从宫廷开始的。民间的摆桌礼仪则是对宫廷摆桌礼仪的模仿。当然，无论是正统繁复的宫廷式摆桌，还是简化版的民间摆桌，韩国的摆桌礼仪都是一种有着明确礼仪规范的文化传承。

首先来看一下餐桌对韩国人的意义。韩国的日常餐桌除主食米饭以外，一般还会放纯汤或炖菜汤，一到两种泡菜，再视家庭经济情况摆放三至九种佐餐。直到现在，韩国的高中仍会为女学生安排家政课，讲授韩式摆桌的相关知识。韩国餐桌上的菜品通常分为三、五、七、九、十二碟馔，最多的十二碟馔是王才能享用的宫廷膳食，其他人的餐桌上最多只能摆放九碟馔。这里的“碟馔”并不是指餐桌上碗碟的数量，而是除米饭、汤、泡菜、神仙炉、蒸菜以外的菜品数量。所以即使是最简朴的三碟馔，也可以让食客充分吃到新鲜蔬菜、烤肉、酱菜等多种食物。韩国摆桌的最基本搭配是饭、汤、泡菜、酱，五碟馔要有炖菜，七碟馔要有蒸菜，七碟馔以上的摆桌则一定要有生鱼片。

根据《园幸乙卯整理仪轨》，朝鲜王朝正祖（1752—1800）曾在华城所用的晚餐包括基本的白米饭、河鱼汤、鱿鱼汤、烤杂散（多种蔬菜和肉类混合而成的食物）和烤鱼，其他佐餐还有黄姑鱼、鲍鱼包，以及各种华阳炙（饼）和泡菜。这餐饭因为除了基本的米饭、汤和泡菜外，只有烧烤、佐餐和饼类三种，因此只算三碟馔。三碟馔已经有这么多吃食了，据说若要准备十二碟馔，桌子上至少要有二十一种菜品。这种十二碟馔的说法形成于朝鲜王朝末朝到大韩帝国时期。朝鲜王朝末期，通过以韩熙顺为代表的曾经侍奉过高宗和纯宗的最后一批尚宫的口述回忆，才有了所谓的十二碟馔之说。

朝鲜半岛宫廷中王和王妃使用的膳桌被称作“水刺床（수라상，sura-sang）”。图1.3展示的就是朝鲜王朝末期两位王（高宗和纯宗）时期的摆桌。如果用餐者的身份是“两班”人员，摆桌就叫作“餐桌（진지상，jinjisang）”；如

果用餐者的身份是普通老百姓，摆桌就叫作“饭桌(반상，bansang)”。虽然韩国到现在也没有针对佐餐摆放位置的统一明文规定，但人们还是会按照约定俗成的方式来摆放食物。比如，主食米饭要放在桌子上离食客最近的中间居左的位置，汤要放在米饭的右边。炖菜则放在汤的后边，蒸菜放在炖菜后中间靠右的位置，素菜、拌菜等放到中间，饼和肉类食物放到右边，最边上放泡菜类。据推测，这样的摆放位置都只是为了符合右手饮食的习惯。在有客人或长辈同桌就餐时，汤、炖菜和肉类食物要放在客人或长辈的身旁，最一般的家常小菜放在小孩或主人的身旁。

图 1.3 朝鲜王朝时代高宗和纯宗时期摆桌示例图

现在我们以最简单的三碟馔为例来具体看看韩国传统的摆桌方法。假定用餐人的位置在里侧，即图 1.4 中正下方位置，面向餐桌。筷子和勺子放在饭桌的右侧靠里的位置，勺子在靠近人的一侧，筷子在其外侧，筷子和勺子的末端要突出桌沿 3cm 左右，方便取用。靠近用餐人的第一排的左边放米饭，右边放汤和(或)炖菜汤；第二排一般是酱碗，就是在小碗里放上用于调味的酱或酱油，酱的种类包括大酱、辣椒酱等。佐餐类盘子一般放在酱碗的后一排。炖菜(如有)放在汤后面靠中间的位置，酱菜、鱼酱或干菜碟放在左边，中间放素菜、拌菜等，右边放置烤肉等热菜。最远端一排放置泡菜类，为了方便取用泡菜汁，会将带汤的水萝卜泡菜或萝卜泡菜放在靠右的位置，其他泡菜依次向左放置。三碟馔摆桌实例如图 1.5 所示。用餐时餐桌上也会放置经常需要喝的凉水。是的，在韩国人的餐桌上无论冬夏、无论吃冷食热食，都只配凉水。

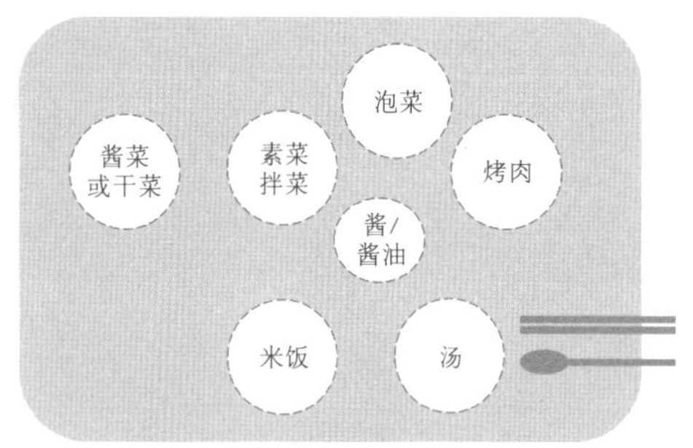

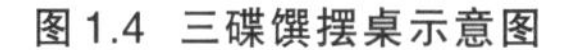

图 1.4 三碟馔摆桌示意图

图 1.5 三碟馔摆桌例图

当然韩国传统的摆桌形式不仅看食客的身份，还会根据桌上主食或用途的不同而进行花样繁多的变换。比如，这餐饭的主食不是米饭而是粥，那这次的摆桌就会被称为“粥桌(죽상,jukssang)”，佐餐也会选用配粥的菜肴；如果这桌子吃食是为了饮茶而准备的，那么就会被称为“茶果桌(다과상,dagwasang)”；如果是为了饮酒，那么就上下酒菜，摆桌的名字就定为“酒桌(주안상,juansang)”。韩国有一种叫“饺子桌(교자상,gyojasang)”的，是在生日、结婚等特殊日子为招待客人才进行的摆桌，是一种既可以下饭又可以饮酒的席面。

韩国传统摆桌兼顾食物味道和营养的调和，是韩国饮食文化中的重要遗产。随着全世界饮食文化交流越来越活跃，食材的烹调方法也越来越多样化。韩国的摆桌在继承传统遗产的基础上，越来越呈现出国际化、现代化的趋势。但是，随着人们生活节奏的加快、国外快餐文化的传入，韩国饮食的速食化、功利化趋势越来越严重。快餐文化、便利店文化大肆侵扰，方便食品大行其道，这使得越来越多的独身主义者、“核家庭”者对吃饭越来越随便，凑合糊弄饱肚子成了主流，摆桌也就越来越不那么讲究。虽然不能说随着时代的变迁，摆桌形式出现变化是错误的，但现实是速食主义的侵袭越来越严重，很多时候这种简单糊弄的餐桌完全不考虑食材间的营养均衡搭配，这点确实让人感到遗憾和担忧。以前,韩国人的餐桌上每餐最少都会摆三碟馔,这从营养学的角度来看也是营养充分并且均衡的,人们在主食中无法获得的营养成分和微量元素在搭配均衡的副食中得到了补充。餐桌上的菜品根据季节选用应季食物,依节气更换食材,避免了食材和烹调方法的重复,也符合“不时不食”的养生理念,让人们在享用美食的同时获得充分均衡的营养。

三、韩食餐具

(一)韩式筷子

众所周知,筷子起源于中国,是中国、日本、韩国、朝鲜、越南、新加坡等亚洲国家和地区普遍使用的餐具。《韩非子·喻老》中有云“昔者,纣为象箸,而箕子怖”,这说明早在公元前11世纪中国就已经出现了象牙材质的筷子。中国筷子如今仍多为竹木质,而韩国筷子则几乎全部为不锈钢材质。

不同于中国人一般只用筷子吃饭,韩国人吃饭时会同时使用筷子和勺子。韩国很多学者认为韩国人喜同时用筷子和勺子吃饭是由于韩餐汤类食物较多,一起用筷子和勺子的话,比较方便。韩国人也确实偏爱汤类食物,如有一餐中没有汤类菜品,那么这一餐会被认为是不完整的。日本学者周达生认为韩国人的这种习惯与崇尚儒家思想有关。[4]他认为韩国人保持的这种筷勺同用的进餐方式与中国古籍《周礼》中所记载的用餐方式非常相似。朝鲜王朝时代的社会将中国周朝的各种礼法奉为经典,并以其为准则,影响着当时人们的人生观、世界观、价值观,韩国著名学府成均馆大学中的“成均”二字就源于《周礼》中的“大司乐掌成均之法,以治建国之学政,而合国之子弟焉”。所以,儒家思想自然而然地影响了当时人们的饮食方式,现在韩国传统饮食方式中仍保留了不少古礼,比如饮酒避席礼,即晚辈或下级饮酒时,需背身而饮。

中国筷子长七寸六分,代表人有“七情六欲”,表示人是不同于一般动物的情感动物,吃饭时要时刻提醒自己节制不当欲望。筷子一头圆、一头方,圆端象征天、方端象征地,表示“天圆地方”,这是中国人对世界基本规则的理解。用筷子时，拇指和食指在上、无名指和小指在下，中指在中间，是为"天地人"三才之象，这是中国人对人与世界关系的朴素理解。筷子均成对出现，与中国人遵守太极、阴阳理念相符，即太极是一，阴阳是二，一分为二，代表万物皆有两面；合二为一，即阴阳结合，获得圆满的结果。韩国古代的筷子保持着和中国筷子一样的尺寸和形状，但到了现代韩国筷子逐渐由不锈钢材质替代，长度上缩短了一些，形状也变成了扁形。

古时中国天子吃饭有九个锅，叫"九鼎八簋"[①]，普通人一般是一人一个锅放入饭和菜，均为蒸煮方式，没有炒炸等烹饪方法。锅旁边放蘸料，当时最贵的蘸料是放入芥末和食盐的蘸料，叫作"染料"。古人吃饭时，一般会用拇指、食指以及中指三根手指去抓取食物，有时也会用拇指和食指或食指和中指两根手指去抓。不管是三指还是两指的抓取方式，食指都是参与其中的，这也是"食指"名称的由来，所以现在形容好吃叫作"食指大动"。而吃完自己的"染料"，非要再去吃别人的，就叫作"染指"。相传，大禹治理黄河时，三过家门而不入，在野外就餐时由于时间紧迫，往往烧开锅将食物煮一下，立马就要抓紧吃完，以便尽快赶路，而且时常满手都是泥，吃东西不方便，他就随便找了两根树枝夹取，这就成了筷子的雏形。

筷子传入朝鲜半岛之后，贵族阶层除使用普通的木质筷子之外，还逐渐流行使用金银打制的筷子，而一般庶民阶层使用竹木质筷子。长久以来，韩国的筷子形态和中国使用的筷子基本一致，首尾粗细相差不大。在朝鲜王朝中期之后，韩国的筷子发生了一些变化，为了方便食物的夹取，筷子接触食物的一端逐渐变细。庶民阶层为了向富裕阶层看齐，也会想方设法拥有一套金属制餐具。到了20世纪初期，朝鲜半岛被日本强占，为了避免本国钢铁资源被日本人掠去制造枪炮，民间逐渐流行用金属来制作日常餐具用品，于

① "九鼎八簋"为中央政权的象征。春秋时，楚庄王曾向周定王的使臣公孙满问周朝的传国之宝九鼎的大小和轻重。后用"问鼎"指图谋夺取政权。按照周礼，贵族在使用鼎和簋的种类、数量上都有严格的规定。所用鼎和簋的种类、数量的多寡直接代表了贵族等级的高低。天子用九鼎八簋，诸侯用七鼎六簋，大夫用五鼎四簋，元士用三鼎二簋。

是，更加耐用的不锈钢餐具流行起来。首先，韩国资源相对贫瘠，不锈钢筷子可以长久反复使用，不会对森林资源造成危害，而且其本身成本较高，不会被随意丢弃，同时清洁起来非常方便，经过一整套高温杀菌流程，没有卫生隐患，外观看起来也保持如初，十分耐用。其次，韩国人特别喜欢泡菜和烤肉，相比竹木筷子，不锈钢筷子不容易留味道、发霉或者被染色，更适合夹取食物。最后，有关韩国筷子之所以要制成扁平形状，有一种说法是由于朝鲜半岛独特的饮食习惯，常用移动的小桌子作为他们的餐盘兼餐桌，扁平钢筷子（见图1.6）和桌子的摩擦力较大，不会来回滚动。

图1.6 韩式扁平钢筷子

（二）韩式勺子

勺子的起源相对于筷子就更早了。从现在发现的证据来看，勺子起源于中国，后传入朝鲜半岛，最早可追溯到7000年以前，在河姆渡遗址出土的文物中就有很典型的骨勺。在朝鲜半岛，直到朝鲜王朝中期，韩国勺子的形状一直与中国勺子几乎一致。在朝鲜王朝中期以后，韩国勺子逐渐产生了本土所特有的变化。学者裴永东整理了韩国勺子的相关变化过程，发现燕尾形的勺柄渐渐消失，弯曲的勺柄变成直线形；勺面从窄长的椭圆形渐渐变成了常规椭圆形，越往后发展越接近于圆形。[5]现代韩式勺子的常见形状具

体见图 1.7。不过，如今在韩国，宗家[①]在进行祭祀时使用的勺子仍然保留着之前椭圆形的古风。

图 1.7 现代韩式勺子

韩国人相对中国人，更多使用勺子的原因有两个：一是韩食中汤类是必不可少的，需要频繁使用勺子；二是朝鲜半岛以前大部分餐具都是用陶瓷或铜器制成的，比较重，不适合用手端着碗底配合筷子一起使用。久而久之，勺子在韩国的餐桌上就变成了相当重要的餐具，甚至可以用来作为发起用餐起止的信号：拿起勺子表示用餐开始，把勺子放到桌上则代表用餐结束。

（三）韩食中的碗、碟、盘

朝鲜半岛上，除了上面提到的在朝鲜王朝后期出现的金属制餐具，其他餐具其实和中国古代一样，以陶瓷为主。其中瓷器为高端产品，供王室、“两班”贵族以及富商使用。由于瓷器价格昂贵，百姓们一般用不起，只能用比较实惠的陶器餐具。

早在朝鲜半岛三国时代，陶器餐具在日常生活中就已经开始使用。之后到了统一新罗时代（676—935），陶瓷有了长足的发展，外观越来越精致，花纹也丰富起来。高丽王朝时代（918—1392），瓷器逐渐取代陶器，在陶器上涂上釉药再烤制而成的瓷器与陶器相比优点更多，比如不渗水、结实耐用等。高丽王朝时代开始出现表面呈浅绿色的青瓷，朝鲜半岛从此进入陶瓷文化的全盛期。一般认为，用镶嵌技法（在陶瓷表面上刻画出多种花纹图案

---

① 宗家：在特定的血缘集团中，世代相传以嫡长者为中心的父系血统的正统性家族。

后，再嵌入其他材料来表现）制作的高丽青瓷是韩国陶瓷艺术的顶峰。之后的朝鲜王朝时代（1392—1910），以表面呈白色的白瓷和粉青沙器为主，与高丽王朝时代相比，花纹简洁、外观粗糙。

另外，陶瓷的制作方法也是在朝鲜王朝时代由朝鲜人传到日本的。1594年，丰臣秀吉发动了对朝鲜半岛的侵略战争，最终战败于明朝和朝鲜联军，但日本从朝鲜半岛俘虏了大量陶工回去，其中一名叫李参平的陶工开启了日本本土制作瓷器的历史。

明朝和朝鲜王朝两国之间的关系是典型而实质的朝贡关系，是封建君臣主从关系在对外关系上的延伸和宗藩关系[6]。朝鲜王朝跟明朝的陶瓷交流在《朝鲜王朝实录》与《慵斋丛话》等多部史书中均有记载。其中，由于明朝皇室为了确保对官样瓷器的垄断，多次严令禁止景德镇等仿烧官式青花瓷器。在《朝鲜王朝实录》中，也多次提到了当时的中国禁止买卖和使用青花瓷。所以，青花瓷当时在朝鲜王朝非常珍贵，只有王室拥有为数不多的从明朝官方处得到的青花瓷礼品。在朝鲜王朝世祖期间（1455—1468），朝鲜半岛上的人虽然已经掌握了青花瓷的技术，但是从文献记载可知，由于缺乏青花料，青花瓷的产量受到了限制。经考古发现，虽然朝鲜王朝的官窑有青花瓷产出，但民窑并没有发现生产青花瓷的痕迹。朝鲜士大夫和富商当时虽也喜爱青花瓷，但是所用多为明代民窑产，所以当时朝鲜半岛上的人多数要用中国的青花瓷。

具体到瓷碗、瓷碟、瓷盘等餐具，高丽青瓷以其优美的色泽，深受韩国人喜爱。高丽青瓷是高丽王朝时代继承新罗时代陶瓷器工艺传统生产的瓷器。高丽青瓷高雅、清新，呈青翠色，又名翡翠色瓷器。（如图1.8）北宋宣和五年（1123）出访高丽的使臣随员徐兢在其所著的《宣和奉使高丽图经》中写道："陶器色之青色，丽人谓之翡色。碗、碟、杯、瓯、花瓶、汤盏，皆窃仿定器制度……其余则越州古秘色、汝州新窑器，大概相类……色泽尤佳。高丽工技至巧，其绝艺悉归于公。"

图 1.8　高丽青瓷碗碟

朝鲜王朝时代的白瓷(以下简称“朝鲜白瓷”)是在高丽青瓷的基础上改进工艺而成的。当时的瓷器工匠已经掌握了三氧化二铁在釉中的呈色规律,有意降低了胚体以及釉中的氧化铁含量,生产出了白瓷。从历史角度看,无论是高丽青瓷还是朝鲜白瓷,乃至日本的陶瓷技术,都是中国陶瓷制造技术的支流,最早可以溯源到中国唐代。同时,它们又充分融入了韩民族对自身文化和陶瓷艺术的理解,形成了雅致、淡泊、刚柔并济又不失华彩和飘逸的民族文化和审美的特征。从留存于世的陶瓷品上可以看出韩民族对于儒学精髓的另一个角度的解读,以及其对佛教文化的独特看法。自称“白衣民族”的韩民族对朝鲜白瓷有着独特的情结,认为其体现了韩民族在人类文明历史变迁过程中所具有的坚韧、自强不息的品格。韩国最著名的白瓷(如图 1.9)出产地是位于距离首尔只有 60 公里的京畿道的广州地区,这里历来是朝鲜半岛王室专用白瓷的产地和官窑瓷器产地,目前仍是韩国的陶瓷之乡。

图 1.9　朝鲜白瓷碗碟

高丽王朝和朝鲜王朝时期的士大夫都非常推崇《周礼》,将其视为经典。由于此书记载了周朝流行使用青铜器制的餐具,所以在当时以此为基础开发出的铜制的鍮器[①]很快便风靡朝鲜半岛王室和士大夫阶层。尤其是在祭祀时,鍮器是必备的祭器。但在朝鲜王朝中期以前,由于铜的产量很少,鍮器的产量也就非常有限。所以,在当时,会一同使用白瓷和鍮器餐具。有条件的家庭,从端午到中秋使用瓷器餐具,从中秋到第二年端午使用鍮器餐具(见图1.10)。

图1.10 韩国鍮器餐具

朝鲜半岛旧时,不同阶层所使用的餐具也是不同的。前面讲到的鍮器、瓷器基本是富裕阶层使用的餐具,底层的僧侣使用的是木质餐具,普通百姓则使用陶质的粗制餐具。有研究表明,陶器(见图1.11和图1.12)其实比瓷器更加丰富多样,更实用。

陶器内部密布微小的透气孔,可以透气但不漏水,更有利于发酵。韩国丰富的酿造食物都得益于陶器的使用。可以说,如果没有陶器,韩国的发酵食品产业就不会蓬勃发展起来。

① 鍮器是指由黄铜打制的碗等器具。鍮器的种类大致有餐具、婚庆用具、祭祀用具、佛器、供暖用具等。高丽王朝时代的鍮器的特点是器身薄而坚韧。朝鲜王朝时代鼓励开采铜矿、生产鍮器。

图1.11 韩国陶器餐具

图1.12 韩国陶缸

季节不同、三餐不同,所用的餐具的大小也都不一样。成人和孩子用的餐具可以分为大、中、小三档。为了保持食物的温度,饭碗全部都是有盖子的。大碗用来盛汤或锅巴,食盒主要用来盛面条酱汤、年糕汤等,较深的食盒上面有盖子,大一点的食盒也可作为饭桶使用。铜制的平底汤碗也可用来装面条酱汤、年糕汤等,虽然形状和食盒差不多,但是没有盖子,顶部稍宽。

图1.13 饭钵

饭钵(见图1.13)用来装米饭、汤、泡菜、野菜等,以前专指女人们使用的饭碗,从小到大一个一个套起来,总共五至九个为一套。相传寺庙中的僧侣都会拿属于自己的一套饭钵来吃饭。

小碟虽然不是餐桌上的主角,但肯定是每餐使用数量最多的餐具。各色佐餐会根据量的多少放入相应大小的碟中,调料如酱油或酱类会放入调料碟中,作为韩国人每餐的必需品的各色泡菜当然也会装入小碟摆满餐桌。

九节板(见图1.14)即指放在一种共有九格的木制大食盒盛放的食物,该食盒的结构是周围八个小格如众星捧月般簇拥着中间的一小格。九节板尽显韩餐“五色”特征，八个小格里是各色菜丝和肉丝，搭配得非常精致；中间小格中为麦饼，用于包着其余八格中的各类菜吃。

图1.14 九节板

韩国影视作品中，九节板是宫廷膳食桌上必不可少的一道膳食。不仅如此，在韩定食餐厅里宫廷膳食套餐中也一定会有九节板。事实上，九节板并不是宫廷膳食。九节板出现在20世纪30年代，其之所以摇身一变，被称为宫廷膳食，跟旧韩末期沉痛的历史有很深的关系。当时，随着朝鲜王朝的没落，宫中的厨师们纷纷离开王宫，在宫外开设餐馆，这些所谓的餐馆实际上就是妓院。这些开妓院的厨师们，将当时进入朝鲜半岛的西餐和日本料理以及传统的宫廷膳食元素相融合，创造出了丰富华丽的菜肴。对外宣传时，他们又添油加醋地说这是难以品尝到的宫廷膳食，吸引了大量食客前来品尝，特别是那些富人为了吃上一口宫廷膳食，不惜在妓院门口排队等候。就这样，这些被创新出来的以九节板为代表的新式食物就变成了所谓的宫廷膳食。

四、爱“干饭”的韩国人

前面提到韩国人爱吃米饭，外出就餐也好，在家吃饭也好，如果没有米饭，那是不可想象的。在韩国，无论吃烤肉、吃海鲜还是吃韩定食，都是要配米饭的。那么韩国人为什么对米饭这么情有独钟，米饭对于韩国人为什么有这么大的吸引力呢？

其实,朝鲜半岛的地理和气候条件并不优越。前面也提到过,朝鲜半岛丘陵山地居多,平原少,适合种植稻米的地方非常少,只有南部的平原地带是韩国传统的重要稻米种植区域,也是韩国传统的粮仓。这些平原包括位于全罗北道西部的湖南平原和全南平原、庆尚道内的金海平原以及其他一些小面积平原。这些平原地区土地肥沃,受季风影响,雨热同期,温暖潮湿,有充沛的河流提供灌溉水,十分适合稻米种植。虽然稻米种植面积不小,但由于旧时生产效率低下等,一般人家并不能时常吃到大米。所以,白米饭在当时是王公贵族阶层的特供食物,一般庶民只能吃杂粮。杂粮的种植是早在新石器时代之后就开始的,但是由于杂粮热量较低,尽管符合当前现代社会健康食品的标准,但在以前,食用的食物热量低意味着很容易就肚子饿,所以每餐都需要吃很多杂粮饭,所用的碗也越来越大(如图1.15)。

图1.15 朝鲜王朝时期朝鲜半岛男性大碗吃饭图

有关朝鲜半岛人的饭量的记载中,有许多有趣的说法。几个世纪以来,到访过朝鲜半岛的学者、作家和传教士都对朝鲜半岛人惊人的饭量感到震惊。

《琐尾录》[①]具体介绍了朝鲜民族的饮食习惯,据其可知朝鲜半岛一般成年男子每顿饭可以吃掉大约1千克的米饭。1592年,日本幕府将军丰臣秀吉发动了对朝鲜半岛的大规模入侵,将统治朝鲜半岛的朝鲜王朝推向了灭亡

① 《琐尾录》是朝鲜王朝时代学者吴希文整理后记录“壬辰倭乱”和“丁酉叛乱”情况的实记。

的边缘，史称“壬辰倭乱”。(如图1.16)当时，朝鲜半岛军方为了评估侵朝日军长期作战的能力，派出间谍对日军携带的米量进行摸底。结果，派出的朝鲜半岛间谍带回了一个好消息，根据朝鲜半岛普通人的食量，丰臣秀吉的军队单兵携带的米量最多只能维持一个月。这个消息使朝鲜王朝松了一口气，认为围困朝鲜半岛的日军只能坚持一个月，所以下定决心坚持斗争下去。但是事与愿违，一个月后，日军仍旧在全方位和朝鲜半岛军队进行激烈战斗，并未因缺粮而显现疲乏之态，这使朝鲜半岛人感到非常困惑。最终，朝鲜王朝军队在明朝军队的帮助下，绝地反击，成功击败了日本人。朝鲜王朝士兵在清理战场时发现，日本士兵的饭碗非常小，对比朝鲜王朝士兵的饭碗，这些饭碗更像是“蘸料碗”，用这样的碗来盛饭，饭量只有他们的三分之一。

图1.16 “壬辰倭乱”战争场面画作(局部)

那么韩国旧时的碗到底有多大呢？从韩国出土的相关文物来看，高丽王朝时代的饭碗能装约1040克，朝鲜王朝时代的饭碗能装约690克，但现代标准的饭碗仅能装约350克，可想而知，韩国旧时用的碗有多大。图1.17是20世纪初期一名朝鲜半岛男性食客的就餐场景，小餐桌上一共有8个碗，左边是饭碗，右边是汤碗。可以看到，尺寸均比现在的碗大。根据流传下来的相关文物的尺寸，可推断出图1.17中的饭碗的直径约为13cm，高度约为9cm；汤碗的直径约为15cm，高度约为9cm。

图1.17 20世纪初朝鲜半岛男性的一餐

虽然图1.17中的饭桌摆设并不能代表当时人们典型的日常饮食，但是我们能据此大致推测出当时人们的饭量。那么，普通人的饭量尚且如此大，统治阶级的饭量又如何呢？关于朝鲜半岛日常饮食的最早记录出自13世纪末的史书《三国遗事》①。该书记载，7世纪末新罗王朝时期的武烈王，每天要食用6斗米、6斗酒和10只野鸡。现代历史学家认为这可能是描述武烈王和其贴身随从一天所消耗的食物总量，也就是说这些食物是武烈王和服侍自己的人一起分享了，但这个量绝对惊人。统治阶级如此，普通百姓也效仿之，所以朝鲜半岛人们自古便有分享食物的传统，从图1.18中便可看出当时人们都是用大碗分享食物的。

19世纪到访过朝鲜半岛的欧洲人也记载了朝鲜半岛人通常吃的食物量是中国人或日本人的2倍到3倍。有一位欧洲作家在到达仁川时发现，朝鲜半岛人确实食量惊人。他在文中写道：“不像中国人和日本人每天按时吃东西，朝鲜半岛人总是在吃东西，米饭配上一把红辣椒会令人难以置信地在瞬

①《三国遗事》是由高丽王朝时代僧侣一然所编撰的以百济、新罗以及高句丽（实为我国古代少数民族）为记述对象的野史，是朝鲜半岛继《三国史记》之后第二早的野史，其中包含了许多神异的民间传说。

图1.18 古代朝鲜半岛人们分享食物的场景

间消失。”另有一个神父在日记中写道:“工人们通常吃一升左右的米饭,这可以填满一个很大的碗,每个人并不是只吃一碗,他们已经准备好继续加饭了,很多人很容易就吃两三碗。我教区的一个年龄在30到45岁之间的人,说自己吃了七碗,另外还喝了几碗米酒。另一个65岁的老人说他自己没有胃口,但也吃了五碗饭。”还有一个西方人在日记中记载,朝鲜半岛人在食用水果方面也是令人印象深刻。他记录道:“在水果方面,比如大桃子,即使是最克制的人也会吃十个左右,一个人吃三四十个的情况也不少见。至于朝鲜小甜瓜,人们通常一次吃十个,也有吃二三十个的。”

普通朝鲜半岛人的食量在令人惊叹的同时,也引起了当时社会人士的担忧。《慵斋丛话》[①]中就对此种现象进行了批评。该书提到,穷人就算借钱

---

①《慵斋丛话》:为朝鲜王朝世祖年间的学者成俔的随笔文集。其包括有关文谈、诗话、书话、史话、实谈等,文章隽美,堪称朝鲜王朝时期随笔文学中的精华。诗话部分收录在《诗话丛林》中,全卷收录在《大东野乘》里。

也要吃饱，士兵行军打仗，军粮就占到当时年收成的一半，官员们也都在随时吃喝。朝鲜王朝时代著名学者李克墩给王上书，提出百姓饮食问题所在，恳请王"别因为丰收而不珍惜粮食"，并表示要在丰收时多储存粮食，而不是都吃掉。当时朝鲜半岛的百姓一顿饭吃掉的粮食是当时明朝人一天的分量。

朝鲜半岛的王们，一直受到儒家思想的熏陶，在天灾或瘟疫之年，为了表明与百姓共患难的姿态，他们会减膳（减少上桌菜品的数量）或撤膳（去掉荤菜）。成宗（1457—1494）十二年七月，由于大旱，百姓生活困苦，成宗向承政院[①]下令"中殿（王妃的住所）和大殿（王的住所）的午餐上水伴席"。水伴席用今天的话来讲，就是水泡饭，主食是水泡白米饭，配菜是辣椒酱、咸黄鱼干和拌萝卜丝。不仅这次如此，根据《朝鲜王朝实录》，成宗在位期间，曾减膳千余次，一次减膳时间短则三日，长则十天。韩国学者申秉柱教授表示，朝鲜王朝对内对外都不是强势的，但统治了朝鲜半岛长达500年，这正是因为王们将百姓视为子女的性理学精神，政权才能延续如此之久。并不是朝鲜王朝所有的王都执行过减膳和撤膳的举措。朝鲜王朝存续500余年期间，共有27位王，其中当然有明君也有暴君，但令人惊讶的是，在这27位王中只有两位王没有减膳记载，分别是燕山君（1476—1506）和光海君（1575—1641）。而在英祖（1694—1776）时期，他摒弃了历来一日五餐的传统，改为三餐，餐点内容也从全部都是肉食，变成以蔬菜与高蛋白的肉类为主，当时的人认为英祖吃得太素，太少了，英祖的王妃曾担心英祖因此到老了会生病，但实际上，英祖是朝鲜王朝的所有王中最长寿的，享年82岁。

朝鲜半岛旧时，民间一直推崇多吃是福，所以无论统治阶级还是民间，均以多吃为财富象征或者自身价值体现的手段，但从现代标准来看，朝鲜王朝当时确为暴食。反而是英祖精简之后的膳食结构荤素搭配合理，以现代观点看，其实是非常科学的，但是根据当时的观念——吃多了才能体现自己的社会地位，才能更有精神应对更多的事务，英祖无疑是"亏嘴"了。

---

① 承政院为朝鲜王朝传达王命和大臣报告的场所，全院共有六位承旨。

朝鲜半岛旧时的人的食量这么大，那么朝鲜半岛的土地能够负担得起这么多人的粮食供应吗？朝鲜半岛在旧时人口总数一直在700万到1000万，即使这样，以当时的生产效率和有限的产粮地区，人们的食量这么大也是有点让人匪夷所思的。

无疑肥沃的土地和相对发达的耕种技术发挥了作用，朝鲜半岛是世界上最早使用移栽方法种植水稻的地区之一。农民首先种苗，然后将其移植到稻田中，这样可以增加幼苗的密度，增加单位面积的产量，并便于管理。除了先进的种植技术，17世纪初期朝鲜王朝引入的田税制度也是促进粮食生产非常关键的举措。在田税制度引入之前，朝鲜半岛上的人以木材、马匹和丝绸等多种形式来缴税；引入之后，缴税形式被统一量化为单一类型即大米。实际上，当时种植水稻就等于在种“钱”，这极大激发了农民开展水稻种植的积极性，他们发挥能动性，使水稻种植几乎遍布整个朝鲜半岛，一些不太适合种植水稻的土地，也都被开辟成了可以种植水稻的良田，使朝鲜半岛拥有了更多的水稻种植地。

到了现代，韩国人现在的饭量并没有上面提到的这么夸张，虽然仍是以大米为中心，但大米的摄入量在稳步下降。

现代韩国人基本上都是一日三餐，但是由于历史原因，他们仍保持着对米饭的钟爱，就算是早餐也会吃米饭。韩国的标准饭碗容量从20世纪40年代的680mL，逐渐减少到了2013年的190mL，容量减少超过70%。韩国饭碗大小的变迁具体见图1.19。

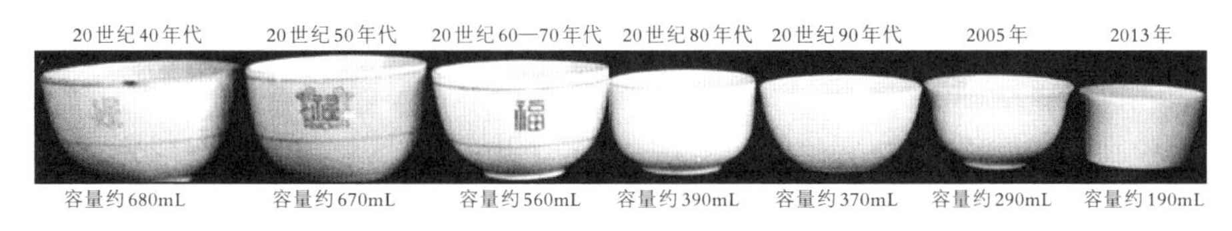

图1.19 20世纪40年代至21世纪初韩国饭碗大小的变迁

自20世纪70年代起，韩国政府开始调节民众米饭的摄入量。随着经济的发展，人们可吃的副食种类日益增多，韩国人的饮食结构也就演变成如今以菜肴、锅类、各种副食等为主，主食白米饭的摄入量反而越来越少的状态。

另外,政府还推出标准碗来控制民众米饭的摄入量。1973年,韩国第一个不锈钢标准饭碗问世,尺寸为11.5cm×7.5cm,这也就是政府推荐的民众一人一餐的米饭进食量。当时的餐厅供饭,都是用这个尺寸的碗。随着时间的推移,现代人认为米饭富含淀粉,对于身材的保持不利,尤其是女士,每餐米饭的进食量越来越小,这类不锈钢碗的尺寸也越来越小,最小甚至只有9.5cm×5.5cm。目前韩国餐馆经常用来装米饭的不锈钢碗如图1.20所示。

图1.20 韩国餐馆常用不锈钢碗

据统计,1970年韩国人均年粮食消耗量为190千克,大米占136千克;而现在,韩国人均大米消耗量已经减少至75千克,低于亚洲平均的78千克。目前,韩国人均肉类食用量为亚洲第一。至于面类尤其是方便面,韩国人的食用量已经多年排名世界第一。现在,受到营养健康以及审美观念的影响,韩国人不再那么爱吃,对于"吃得多才是好"的传统观念有了正确的认识,认为要"吃得精致才是吃得好"。

五、韩国与餐具相关饮食礼仪

(一)筷勺配用

明朝初年皇室有筷勺配用的用餐习惯,这作为一种制度被引入了朝鲜半岛,对高丽王朝末期和朝鲜王朝前期的王室影响颇深。高丽王朝和朝鲜王朝由于地缘关系一直保持和中国的来往,所以同一时期朝鲜半岛和中国的贵族的习俗有着许多相似之处。朝鲜王朝中期时,同时代的中国明朝主要使用筷子,朝鲜半岛由于已经形成了固定的饮食结构,例如长久以来在吃饭与喝汤时需要使用勺子,这个习惯并未完全跟风明朝,反而在朝鲜中期之后渐渐固定下来。这种习俗的变迁与当时的社会文化背景有关。餐具使用的不同使得各国的用餐方式以及饮食种类也变得不同。礼仪是文化的象征,饮食往往是礼仪最直接的载体。进入朝鲜王朝时期后,儒家礼仪是朝鲜半岛贵族阶级必须要遵守的,中国南宋时期的《朱子家礼》[1]对当时朝鲜王朝的礼仪影响很大。该书记载,祭祀活动中要使用匙箸,这一点在朝鲜王朝时期有关婚丧嫁娶的礼仪书籍《四礼便览》[2]中可以印证。在儒家礼仪仪式中,祭祀桌上摆好的匙箸是作为象征祖上神灵的物品而存在的,代表着往生者可以和在世者享受同样的待遇。

韩国人吃饭时,一般不使用左手,遵守一个习俗,即在开始吃饭时会先用右手拿起勺子,从水泡菜中盛一口汤,接着吃一口饭,然后再次喝汤,再吃一口饭,之后便可自由发挥。勺子在韩国人吃饭时的作用远比其在中国重要,负责盛汤、捞汤里的各种菜、装饭、拌饭、往嘴里送饭等。勺子不用时要搭在饭碗或其他餐具上。筷子在韩国人用餐时的作用比较狭隘,主要负责夹菜。

不要让食物粘在筷子和勺子上;共享的菜品要夹到各自的饭碟上再吃,各种酱料也需拨到自己的饭碟上再吃。韩国的这些用餐礼仪,和中国是一致的。

(二)筷子和勺子的使用禁忌及注意事项

(1)筷子和勺子不可竖直插在米饭里。对于这一点,中国也有着相同的禁忌。这是由于中韩两国都有类似的"冥文化",在祭祀逝者为其上香时,香

---

①《朱子家礼》是朱熹所著的主讲纲常伦理和礼节礼仪的书。该书共分五卷,分别为通礼、冠礼、昏(婚)礼、丧礼和祭礼。它是集孔子、孟子到荀子等大家的孝道思想之长,从祠堂、丧服、土葬、忌日、入殓等仪式来体现孝道主张的,进而使"孝"从理念的、抽象的"孝"转化为世俗的"孝",使之平民化,影响更为深广。总而言之,该书是主讲如何做到"忠义孝悌",如何遵从长幼尊卑等礼节礼仪的。

②《四礼便览》是朝鲜王朝英祖时期的学者李縡所编的关于冠、婚、丧、祭四礼的书,于1884年由他的曾孙光文出版。后来,于1900年由黄泌秀、池松旭增补、增刊改名为《增补四礼便览》。

炉中燃烧的香的样子与筷子插在米饭上的形状非常相似，所以如果在吃饭时这么做，会被认为“当面上香”，非常不吉利，也非常不礼貌。

(2)筷子和勺子不要横放在碗上。因为只有乞丐才会因为没有桌子放筷子和勺子，而把它们横放碗上。

(3)筷子不使用时，要放在右手侧的桌面上，两根筷子要齐整，三分之二在桌里，三分之一在桌外，这是为了随时可方便地再拿起使用。如果筷子乱放不整齐，也会被认为不吉利，没有礼貌。

(4)不要把勺子和筷子同时抓在手里。使用筷子时，勺子要放下；用勺子时，筷子要放下。

(5)用餐时，不要发出呼噜呼噜以及吧唧嘴等声音，也不要让勺子和筷子碰到碗碟发出声音，不然会被认为没有礼貌。后者是因为过去只有乞丐要饭时，才会用筷子敲打饭盆。

(6)不可用勺子或筷子在饭菜里翻来翻去，不可挑出自己不吃的食物或作料等。这么做会被认为像偷坟掘墓一般，会被认为缺乏教养，令人生厌。

(7)吃饭时，一般先用勺子舀汤，再吃饭和其他食物。

(8)在和别人一起用餐时，要先用公筷公勺盛出一些后再吃。

(三)不可端碗吃饭

不同于中国和日本，韩国人没有端碗吃饭的习惯，并且认为端着碗吃饭是乞丐才有的吃法。这种风俗文化方面的不同，其实是由食品种类形态以及所用餐具决定的。根据《礼记·内则》，中国人吃饭需用左手将饭碗端起来进食，否则会被认为缺乏教养和失礼。这是因为中国人吃饭主要使用筷子，需端起碗与嘴接触才能保证吃饭桌面的整洁。韩国人的饮食中，汤类特别是热汤类比重大幅增加，端起碗来吃饭显然就不太合适了，所以也就没有形成端碗用嘴接触的风俗，不但如此，长时间以来反而形成了端碗就嘴是没有礼貌的观点。左手因为连端碗也不用参与，并且饭碗、汤碗很烫，不碰也合乎常理，所以在整个就餐过程中要尽量老老实实藏在桌子下面，不可放到桌子上面来。

（四）斟酒礼仪

若是初次见面，则需用左手托住右手肘部为对方斟酒；如果平辈间关系比较亲密，单手为对方斟酒也是可以的；如果对方是长辈或上级，则需用一只手托住瓶底来斟酒。一般酒杯空了，不可给自己倒酒。一种说法是给自己倒酒的人会一整年诸事不利；另一种说法是，坐在给自己倒酒的人的对面的人会倒霉三年。当然深层次的原因是，韩国人特别讨厌独自行动，比如到食堂吃饭，如果是一个人在吃饭，会被认为不合群，所以喝酒这种集体活动，一定不能有自己给自己倒酒的行为，时间长了，也就有了各种各样的有关禁忌的合理解释。

（五）餐桌上对长者的尊重

韩国长期受中国儒家思想的影响，保持着在餐桌上尊重长辈的礼仪，这也是韩民族长期养成的传统美德之一。从就座位置的布置开始，韩国人就受到儒家思想的影响，将最远离出入门的位置视为上座，供长辈安坐。

与长辈一起用餐的情况下，长辈不动时，其他人也不能动，要等最年长的长辈先动筷子和勺子之后，吩咐可以吃了，晚辈才可动筷子和勺子，且要等长辈放下筷子和勺子以后再放下。比长辈先吃完时，不可提前离席，筷子和勺子要放在饭碗或者锅巴汤碗里，待长辈吃完后才能直接放到桌上。

跟我们在韩剧中经常看到的镜头一样，在韩国传统家庭中，儿媳做好饭菜后，先在小饭桌上摆整齐，再把小饭桌端至齐腰，低头鞠躬，在离端坐好的长者几步的位置将小饭桌放下，然后轻轻跪下，慢慢地将饭桌移到长者面前放置整齐，保持低头状态，有礼貌地缓缓揭开碗盖以及汤锅盖，请长者享用。长者吃饭时，儿媳要坐在旁边服侍添饭、添汤、夹菜，不让长者有任何不便。韩国人习惯用勺来添饭或盛汤，在服侍长者时，注意握勺的位置要适中，太高的话，容易把食物掉出饭碗，显得没礼貌；太低的话，容易把食物弄到手上，不卫生，显得没教养。服侍完长者就餐后，要及时递上一碗锅巴水或大麦茶。

（六）其他用餐礼仪

（1）用餐时产生的鱼刺以及骨头，要悄悄用餐巾纸包起来扔掉，不能直接扔在桌上，更不能扔到地上。

(2)用餐时,吃饭的速度不要太快也不可太慢,要尽量和大多数人的速度一致。

(3)用餐时,如果忍不住咳嗽或打喷嚏,应把脸移开用餐巾纸或手帕捂嘴,以免不礼貌。

(4)剔牙时,需用一只手或纸巾挡住嘴巴。

(5)用餐完毕后,要把筷子和勺子放在原来的位置上,不要露出桌外,否则在撤桌时会碰到门框掉到地上。

(6)无论多忙,饭桌摆好后,要马上过来吃饭。要尊重食物,不要使食物冷却或积尘。

(7)无论多生气,也不要猛地放下勺子和筷子,也不要在餐桌上唉声叹气。

(8)无论汤或饭多烫,也不要用嘴吹。

(9)用餐时,不要低头太甚。

第三节 韩食常用烹饪方法与调味料

烹饪是膳食的艺术，是一种复杂而有规律地将食材转化为食物的加工过程，是使制成的食物更好看、更好闻、更可口的处理方式与方法，是色、香、味三者的统一体。即使是同样的食材，根据不同的烹饪方法也会做出不同味道的食物。另外，添加的调料的种类以及不同的用量也是做出特定味道的秘诀。有时，烹饪一种食物并不只限于一种烹饪方法，而是会使用两种或两种以上的烹饪方法。不同于中餐以煎、炒、烹、炸为主，韩食主要的烹饪方法别具一格，是少油或微油的煮、焯、蒸。调味料的使用往往决定了菜品最后的口感，韩食中使用的调味料一直在随着历史的发展不断更新，作为韩食代表调味料的辣椒其实登场非常晚，到现在也不过一百多年的历史。下面我们就来看一下韩食中具有代表性的烹饪方法和使用的主要调味料。

一、韩食主要烹饪方法

（一）煮

煮是韩国饮食中最具代表性的湿热烹饪法，即在食物材料上加水，从而对食物进行加热烹调的方法。这是一般做汤或炖菜时使用的烹饪方法。豆芽汤、萝卜汤、大酱汤、泡菜汤、牛骨汤、牛肉汤、海鲜汤等都是利用煮的方式来制作的食物。

韩国人平时在家最多的烹饪方式就是煮。主妇们每天准备的食物中除一两个主要佐餐之外，煮的汤类其实是每餐的灵魂，以至于主妇被家庭成员问及该餐吃什么的时候，一般会以汤类的品种来回答，比如说晚上吃大酱汤。除非佐餐是比较少见的菜肴，否则不会用佐餐的品种作为当顿食物的代名词。

（二）焯

焯和煮一样，也是利用水来烹饪，但烹饪的时间非常短，指在沸水中放入食材后捞出，主要用于处理蔬菜。在沸水中将食材快速焯一下，食材不但口感清爽，可以软化食材组织并消除苦涩等不好的味道，而且在观感上颜色比自然状态下更加鲜明，可以提高菜色的颜值和食客的食欲。

韩国主妇特别喜欢做凉拌菜，焯水后做的拌菜居多，配合超市里卖的现成的拌凉菜用的调味料，短时间内就可以做出一道可口的家常拌菜，特别适合强调健康饮食的女士们的口味。

另外，韩国拌菜不只使用蔬菜，也常加入草、树叶、树根等任何能够食用的素材。

（三）蒸

蒸是利用水蒸气加热食物的烹饪方法。不同于煮，蒸是间接地利用水来完成的。与其他烹饪方法相比，蒸需要很长的时间，但也是最符合健康饮食标准。由于长时间利用高温水蒸气来加热食物，食物的形状得以保持，口感也很好。蒸制的代表食物有饺子和年糕等。

随着烹调方法逐渐简化，在韩国大部分煮熟后将汤汁收干的食物被称为“찜(jjim)”，直译为“蒸菜”，但其实是炖菜的一种。炖排骨就是此类炖菜中具有代表性的菜肴。事实上，从《林园经济志》和《闺合丛书》等中介绍的“찜”类炖菜来看，可以将其理解为烹饪收尾时利用水蒸气将食材蒸出有汁的状态的一种菜肴。

（四）炖

炖是食材里放入由各种调料调制得很浓的调味酱后，加水并放在小火上长时间加热烹饪的方法。酱牛肉、辣炖鸡块、酱黄豆、炖鱼等都是通过炖来烹饪的食物。通过长时间的炖制，调料可以渗透到食材中去，味道浓厚，所以炖是经常出现在韩国人厨房里的烹调方法。三伏天里，韩国人会经常喝参鸡汤、狗肉汤等炖汤品来补充元气。日本殖民时期，在引入日本烹饪方法后，韩国的炖菜品种也多了不少。

（五）烤

烤是干热烹饪法，直接对食品加热，利用食材中含有的水分烹饪食物。烤一般分为三种：第一种是加入各种调味料腌制后烤制，第二种是只用食盐进行调味烤制，第三种是不放任何调料直接烤制。可以进行烤的食物有很多，比如肉类和鱼类等。韩国烤肉现在世界闻名，在韩餐中有着举足轻重的地位。韩国人平时公司聚会或者亲朋好友聚餐多会选择到烤肉店去大快朵颐。韩国人其实不经常在家里进行烧烤，更多的是到附近的烤肉店吃，因为他们觉得在家吃烤肉没有气氛，需要到烤肉店那种喧嚣的、可以“高谈阔论”的环境，烤肉才吃得有味道。所以可以看出吃烤肉不光是为了解馋，更多的是承载了社交性质的集体活动。

（六）炸

炸是可以做出全世界人们普遍喜爱的“酥脆”口味的烹饪方法。韩式油炸食品一般是在180℃以上的高温下，将食材裹上面衣在短时间内炸制而成，可以较好地保持食材本身的水分和香味，基本上和日式天妇罗是同一类食品。

韩国以前因为食用油产量不高，油炸类食品并不多，后来在吸收日式和西式油炸工艺的基础上，衍生出了和啤酒一起绝配的炸鸡，以及小吃摊上很受欢迎的炸鱿鱼、炸辣椒、炸鱼饼等多样美食。

（七）炒

炒是将食材放入锅中翻转使食材各表面均匀受热的一种烹饪方法。用火大小、用时长短不同，食物的味道也会不同。韩食中，炒菜一般用多种食材，不会同时全部下锅，而是会根据食材的口感等特性，按照顺序依次在相应时机放入进行烹制。

炒菜在中国从宋代开始就非常发达，八大菜系中炒菜种类繁多，但在韩国炒类菜肴并不多，比较常见的一道是什锦炒菜。和中式炒菜不同，什锦炒菜是将蔬菜、蘑菇、肉丝等炒熟，再用调料与煮好的粉丝一同搅拌而成的一道菜肴，色泽华丽、味道鲜美。对韩国人来说，一般炒菜要到中国餐馆才能吃到，比较有名有熘三丝、糖醋肉、干烹鸡、两张皮等等。这些菜肴大多为华侨在韩国根据韩国人的口味由鲁菜中的菜肴改良而成，在中国国内其实并不存在一模一样的菜肴，以至于第一次来中国的韩国人，到饭店也点这些在韩国家喻户晓的中国菜的时候，经常会闹出点一个没有，再点还是没有，服务员一脸茫然,他们还说这个店不正宗的笑话。

(八)煎

煎是利用平底锅中放入油来烹饪食物的方法。在韩国,一般在制作祭祀供品时,会把角瓜、鱼片、肉饼等挂上面衣用中温进行烹饪。和高温油炸方式不一样,煎制时用油较少,而且使用平底锅,油温也相对低,是韩国自古以来流传下来的一种烹饪方法。另外,韭菜煎饼、海鲜煎饼以及绿豆煎饼等也都是煎制而成的食物。

韩国的重要节日和祭礼上都要使用煎肉饼等食物来祭祀祖先。每到此类大日子时,主妇们就会提前几天准备各种需要的食材,并提前一天开始煎制食物,有时候工作量大,还需要亲戚一起来帮忙完成。

韩国现代住宅中,独立厨房的设计很少,一般多为开放式厨房,这样的设计除受西方装修风格的影响之外,其实还和韩食烹饪方法有着极大的关系。上面八种烹饪方法中,煮、焯、蒸、炖四种是韩国人几乎每日都会用到的,是一日三餐的主要制作方式,几乎不用油。至于炸和炒在家是很少用的,在韩餐中也几乎没有炒菜体系,只有什锦炒菜等为数不多的几种,而且是用平底锅来“温和”炒的,并非我们所说的大火爆炒等。

二、韩食中的主要调味料

韩食讲究制作过程中保留食材天然的味道与香气,但也会用各种调味料来中和不好的味道。与烹饪方法一样,调味料也是决定味道的重要因素。最具代表性的调味料有盐、酱油、大酱、辣椒酱、鱼虾酱、芝麻盐、葱、大蒜、生姜、胡椒粉、辣椒粉、香油、糖、糖稀、蜂蜜等。众多调味料将韩食中的五味即咸、酸、苦、辣、甜有机融合,调制出了具有鲜明的朝鲜半岛特色的味道。

(一)盐

在做大酱和腌制泡菜的时候,使用的基本调味料都是盐。在韩国,盐按照制作方法的不同可分为粗盐、精盐、餐桌盐等。粗盐就是指盐田中使海水自然蒸发结晶而成的千日盐。韩国的千日盐有益健康,是在世界范围内都非常有名的盐。比起法国的盖朗德盐之花,韩国千日盐中的氯化钠和重金属成分更少,镁含量却要高出三倍。韩国西海是世界五大滩涂千日盐产地之一,其中最具代表性的是全罗南道新安郡地区。韩国人说无论做大酱、酱油、辣椒酱,盐都是味道的定海神针,倘若盐用得不好,工艺再优秀也做不出好的味道来。韩国人平时做菜极少用精盐,而是多用千日盐,它不是很咸,但提鲜效果很好。

(二)酱油

酱油是由大酱和豆酱饼制成的,是一种独特的发酵调味料。韩国传统酱油都是由大豆酿造而成的,所以酱油中有较浓的豆味,用来炒菜容易糊。一年以内的新酱油被称为清酱油,五年以上熟成的酱油被称为陈酱油,一年以上五年以下的酱油被称为中酱油。一般在纯汤、炖菜汤或者拌菜中放入清酱油,炖菜或肉类的调料中使用浓酱油。日本殖民时期,为了保证日军酱油用量的供给,韩国引入了勾兑酱油生产线,在当时被称为日式酱油或新式酱油。现在在韩国超市中,一般都设有酱油专区供顾客选择,酱油生产企业还根据客户需求陆续推出了拌菜用酱油、吃生鱼片用的酱油等专用酱油。

(三)大酱和辣椒酱

大酱是利用提取酱油后的成分制成的,在做汤、炖菜汤、包饭、拌菜时放入,在为菜肴提供咸味的同时,也提供了特有的鲜味。辣椒酱是在豆酱饼中加入辣椒面和糯米、麦芽糖和盐(或酱油)混合发酵而成的,是具有辣味的复合发酵调味料。

大酱是韩国人每餐必备的基础调料。韩式菜肴品种众多,最大的特色就是大多数菜肴中都放入了大酱,可以说大酱正是韩食的味道之魂。由发酵带来的浓郁的鲜香味是韩国人一辈子也戒不了的味道。正如各地人对家乡的思念会物化为对某种食物的思念,韩国人对于大酱的喜爱已经深入骨髓。韩国人常说,自己的胃已经中了大酱的毒,没有大酱的食物虽然可以让人吃饱,但是会让人感到不舒服,如果一周不吃大酱做的食物,胃就会抗议,以至于影响整个人的情绪。所以韩国人无论到世界何地,都会想办法带一些大酱过去作为储备,以解思乡之情。

(四)鱼虾酱

鱼虾酱是利用虾、贝类等甲壳类或鳀鱼等小鱼类放入千日盐后腌制熟成的。鱼虾酱多产于海边各地,是利用当地生产的各种鱼虾制作而成的。鱼虾酱是腌制泡菜的最重要的调味料,是韩国各地泡菜味道存在差异的主要原因,是泡菜味道的灵魂。使用鱼虾酱来制作泡菜,也是韩国泡菜区别于我国泡菜的一个主要标志。

在做咸味汤时放入鱼虾酱来代替盐,可以给食物增加浓郁的鲜味。不同于东南亚的鱼露,韩式鱼虾酱多作为腌制食物的调味料使用,很少直接用食物蘸着吃。

(五)芝麻盐

在炒好的芝麻中加入少许盐,将其中一半量捣碎后,再混合另一半使用,即为芝麻盐。其常用于凉拌菜,不仅有提香的作用,还有装饰食物的效果。烤肉或者吃生牛肉时,也有人喜欢蘸芝麻盐。

(六)葱、姜、蒜等香辛料

和中餐一样,韩餐中也会使用葱、姜、蒜等香辛料,但一般只在腌制泡菜时才会大量使用。富含维生素和无机物质的大葱能使人发汗,帮助排尿,具有稳定神经和消痰的功效。韩国民间常用大葱和生姜一起煮汤发汗来治疗感冒,而且大葱还可以作为主料使用来制作泡菜。生姜最早在亚洲开始使用,其含有多种具有镇痛、镇静、退烧作用的成分,同时具有缓解恶心、眩晕、呕吐的作用。大蒜中含有蒜素等多种有益成分,对预防动脉硬化、高胆固醇、高血压等有积极作用。韩餐中也有专门使用大蒜做的各种饮食。

使用各种调味料调味时,顺序非常关键,一般按照糖、盐、醋、酱油的顺序依次放入。先放糖后放盐的原因是糖的分子量比盐大,如果同时放入糖和盐,或者先放盐后放糖的话,盐会首先扩散,导致咸味首先进入食材。醋和酱油具有挥发性,加热后所含香气会发散掉,所以如果想保留醋和酱油的香气,最好在起锅前放入或者先加一点,等起锅后再放入剩下的。得益于多种调味料的使用,韩餐的口味变得越来越多样化。

第二章

韩国味道

朝鲜半岛很早便进入农耕文明时代,主副食有非常明确的分类,其以大米为主食,副食则由各种蔬菜、肉、海鲜组成。

本章聚焦韩国人最为普通的日常饮食、有纪念意义的特别饮食、韩式甜点以及韩食国际化等内容。

第一节 日常饮食

韩剧尤其是古装韩剧中人物在吃饭时，会花花绿绿地摆满一大桌，那么韩国人的日常饮食主要是怎样构成的呢？

主食和副食的区分是韩餐的一个主要特征。主副食的明确区分不仅在饮食结构上使食物的营养成分更加均衡，而且在外形上，主食与多种样式的佐餐副食更相得益彰。

一、不可撼动的主食地位

韩国人在见面的时候，和中国人一样，最爱问候的也是"吃饭了吗"。对韩国人来讲，这里的"饭"就是指米饭。由此看来，主食或者说米饭对于韩国人来说是非常重要的。在第一章中我们也都看到了韩国人对米饭的喜爱，一日三餐，顿顿都可吃米饭，没有副食倒点酱油也可以拌饭吃。在外吃饭也是，不管到哪家店，都一定要有米饭，并且吃什么都要配米饭。比如，韩国人在中餐馆吃海鲜面条时，许多人会再点一碗米饭，吃完面后再把米饭泡到汤里一起吃。

当然，韩国人除了米饭，有时也会吃红豆饭、杂粮饭、大麦饭等，但有一点很特别，那就是都是吃干饭。韩国人平时并没有喝粥的习惯，跟中国人早餐晚餐经常喝粥大不一样，韩国人认为只有生病的时候才需要喝粥。虽然在韩国也有专门售卖粥类食品的连锁粥店，比如在全韩国有着上千家连锁店的"本粥(본죽)"，但韩国人平时只会在肠胃不舒服的时候光顾粥店，而且粥店和其他饭店一样，只在中午和晚上才会营业。

早餐店虽然在中国已经是司空见惯，但在韩国并没有同类的概念。粥这种在国内早晨随处可买到的最为平常的早餐，在韩国是没有的。韩国人从早餐开始就吃干饭，所以他们即使晚上把饭锅里的米饭吃完了，也会接着把米饭做上，这样第二天早上米饭就是现成的了，可以简单准备几个快手佐餐马上开饭。我们从韩剧中经常可以看到，有人回到家，虽然已经过了饭口，但是一般饭锅里还是有米饭的，这样就可以配上点泡菜，煎一个鸡蛋，再挤一点辣椒酱，和米饭一拌就成了可口的拌饭。韩国的电饭锅厂商极尽迎合韩国人的生活习惯，在还原米饭口味的所谓的“锅气”、米饭的保温和保湿方面做了非常多的努力，产品深受亚洲以米饭为主食的人们的喜爱，韩国产电饭锅也成了韩国旅游最为热门的纪念品之一。

饭的做法很简单，东亚和东南亚国家都有做干饭食用的饮食习惯。具体就是将大米、大麦或者糙米等各种谷物放在锅中，淘洗干净后，倒入适量的水，焖煮熟至饭粒成团不散开即可。饭不仅制作方法简单，而且特别易于食用、富含水分，十分适合人体消化吸收，即使与其他食物混合后也能依旧保持良好口感。

主食的“主”字就说明了其地位问题。那么，没有副食可不可以呢？实际上，对韩国人来说，即使没有副食，把米饭泡在凉水里，也能对付一顿。所以，对比起副食，主食的地位是不可撼动的。韩国人在关心家人时，经常会嘱咐“一定要按时吃饭”。这也是韩国流传下来的饮食风俗。

吃饭这件事情，在韩语中由于人的身份不同，叫法也是不一样的。“饭(밥，bap)”，对于长辈来讲，称作“餐(진지，jinji)”，是“饭”的尊敬语；对于王或王妃，以及王室中年长的人，“饭”则被称为“水刺(수라，sura)”；而在祭礼上，则被称为“祭饭(메，me)”。不仅“饭”这个名词有敬语形式，就连配套使用的动词也都不一样。“수라”后面要用“진어하신다(进膳)”；“진지”后面要用“잡수신다(用餐)”；对于一般人的话，后面就直接用“먹는다(吃)”。从这个例子中，我们就能看到韩语中丰富的尊敬阶的使用，是将社会阶层间的关系固化到语言中的又一个具体实例。

饭的材料中大米和其他谷物均含有蛋白质、脂肪、维生素以及无机物等营养成分。大米被称为健康食品并不是平白无故的。大米中的有益成分，特别是碳水化合物和蛋白质含量高，与面粉相比，脂肪少了三分之一，对预防肥胖有效果。并且大米中的肽成分可以抑制血压上升，维生素E、叶酸、生育三烯酚等可抑制细胞老化。

另外，谷物需要咀嚼的时间较长，咀嚼肌的活动时间更加活跃，可刺激额叶，使大脑变得活跃，这可能是亚洲人特别是东亚人智商普遍较高的一个主要原因。还有一个有趣的现象是，食肉动物虽然力气大，但持久力弱，不耐饿；相反，食草动物虽然力气小，但是耐力好，可长时间忍受饥饿。比如，猎豹、狮子等食肉动物虽然短距离奔跑速度快，可快速追上羚羊等食草动物，但一旦陷入追逐相持阶段，食草动物多半是可以跑掉的。这个现象从科学的观点来看，耐力的问题其实与小肠的长度有关。有研究表明，多吃大米和蔬菜等食物的人的小肠的长度会比吃肉食为主的人更长，所以前者在包括耐饿性在内的耐力方面表现更好。最近，媒体中总有关于孩子们耐力下降问题的报道，其中不可忽视的原因，也许是随着孩子们生活条件的改善，平时大米和蔬菜摄入量大幅减少，而摄入了过多的肉类和面包等甜食。

在韩国，大部分情况下，如果只提到米饭，那么就是指单一用大米做的白米饭。如果用的不是大米而是其他谷物，那么就会根据所用谷物的种类称之为大麦饭、豆饭、小米饭等。有时，还会加入应季食材来制作土豆饭、豆芽饭、萝卜饭、牡蛎饭等，或者会用竹子或荷叶等材料作为包裹的容器，做出带有不同香气的米饭。下面介绍一下几种具有代表性的饭。

（一）米饭和杂粮饭

最柔软、味道最好、最容易消化的米饭是韩食中最基本的主食。饭的味道根据锅的种类、饭中加入地水的量以及加热方式等的不同而不同。虽然不像菜肴那般需要进行调味，但米饭搭配任何菜肴一起吃都很适合。

除米饭（见图2.1）之外，原汁原味的糙米饭也含有很多重要的营养成分，同样作为健康食品深受欢迎；加入红豆等其他谷物的杂粮饭（见图2.2）也被认为是健康和味道兼具的食品。

水稻是韩国第一大粮食作物，常年种植面积在75万公顷左右，占韩国耕地面积的50%，基本可实现自给自足[7]。与中国东北地区类似，韩国主要种植粳稻品种，稻米品质较好。我国非常有名的东北五常大米就被誉为“粳米之王”，韩国大米的品种和五常大米是一类的。韩国利川大米的品质不亚于日本的越光大米，已经成为全球公认的顶级大米之一。另外，韩国还有6万公顷稻田种植日本高端大米品种，如越光米、秋田米等，占总体种植面积的10%。

图2.1 白米饭

图2.2 杂粮饭

(二)豆芽饭

历史上，豆芽饭（见图2.3）出现的年代虽然不能准确考证，但是目前韩国人一致认为豆芽饭是忠清道当地土生土长的食物。做法非常简单，就是用酱料把豆芽拌好，铺在饭锅底，在上面放上大米，像平时煮饭一样煮就可以了。一个有趣的现象是，豆芽在下大米在上这个顺序是不能颠倒的，如果先放大米，然后将豆芽放在大米上煮饭的话，煮出的米饭会有腥味，豆芽的水分也会流失，味道就不好了。在煮好的豆芽饭中加入少许调料酱拌着吃的话，即使没有其他菜肴，也足够对付一顿饭了。

图2.3 豆芽饭

(三)汤饭

汤饭是一种用热汤泡饭的食物。汤饭据说是为了能够招待更多的人，也为了在寒冷的天气能让米饭吃得更热乎些。

这时候问题来了，如果吃着饭，配着汤，想着干脆把米饭泡到汤里算了，这种情况算是汤饭吗？答案是，这种情况是不算作汤饭的。狭义的汤饭指的是在厨房准备汤饭的时候，就已经由厨师把饭泡在汤里了，而不是由吃饭的人自己将饭泡在汤里。

汤饭一般在家里做不多,因为熬制骨汤需要非常长的时间,所以都在饭店里吃,是一道人人都可以享用的平民一等美食。

从朝鲜王朝末期开始,除在首都有专门的固定汤饭饭店之外,集市中的角落也开始出现汤饭摊位。因为价格亲民味道又好,来赶集的人们中午都喜欢聚到汤饭摊位处暖暖和和地吃一大碗汤饭。

韩国人常吃的汤饭(见图2.4)种类较多,各地的汤饭一般都是当地的特色饮食,例如首尔的米肠汤饭和内脏汤饭、京畿道的牛肉汤饭、釜山的猪肉汤饭、全州黄豆芽汤饭等。汤饭一般是用骨汤做汤,放入煮好的米肠、猪内脏、牛肉、猪肉或者黄豆芽等,再放入米饭,大火煮熟后加入葱末起锅上桌,客人根据自己的喜好放入韭菜、辣椒酱、虾酱、盐、胡椒等进行调味,是老百姓经常吃的美食。

图2.4 韩国人常吃的汤饭

现在，随着人们生活习惯的改变，越来越多人到汤饭店喜欢点“单独汤饭”，即米饭和汤不在厨房就混一起，而是分开盛，所以许多饭店干脆开始提供单独式的汤饭，让客人根据自己的喜好选择泡着吃还是直接吃。实际上，厨房中泡入汤内的饭可以更好地吸收汤汁，味道更足，但是由于总有人怀疑碗里的饭是前面客人剩下的，所以点单独汤饭的人也很多。虽然点的是单独汤饭，但是上桌后第一时间，韩国人绝大多数会把饭泡在汤里吃。一般情况下，单独汤饭要比同样的一般汤饭贵1000韩元（约人民币6元）。

如果从广义角度来看，将汤饭的范围泛化为包括所有相关类似形态的话，那么其历史与韩国饮食文化的起源其实是一脉相承的。朝鲜半岛的先民，在很早便开始吃饭配汤，很多时候把饭泡在汤里一起吃。

如果从狭义角度来看，汤饭的概念和汤饭饭店的历史其实并没有太久，是从朝鲜王朝后期开始的。朝鲜王朝中期文臣尹国馨（1543—1611）撰写的《闻韶漫录》记录了当时全国的见闻，其中有关于酒馆的故事。岭南和湖南地区虽然有酒馆，但只提供酒席，针对散客并不提供饮食。旅者一般都会自己携带大米、大麦、小米、高粱等谷物，以及海带、明太鱼、酱或盐等调料副食品自行解决饮食，或者请借宿的房屋主人代为加工。这样看的话，酒店并不主动提供饮食，而仅以旅者提供的食材代为加工。一直到朝鲜王朝中期，除汉阳等主要大城市以外的地方，货币的流通范围其实非常有限，民间基本依靠以物易物的交易方式，所以花钱买饭这种行为本身就很难成立。因此，要想做饭，只能自己准备大米等粮食。到了工商业比较发达的朝鲜王朝后期，货币才开始在乡村社会中正常流通，当时几乎每个村庄都陆续开设了酒馆。经过不断的发展，酒馆提供食物也就变成了可能。回到汤饭的概念，从朝鲜王朝后期开始，随着流动人口的逐渐增多，在外就餐的需求愈加旺盛，餐饮文化与工商业的氛围也非常契合，结果在当时，汉阳就陆续出现了许多酱汤饭馆，其中最有名的就是朝鲜王朝宪宗（1827—1849）经常去的武桥汤饭馆。这个饭馆主要卖酱汤饭，食客无论身份贵贱，都能在这里吃到一样的食物。现在韩国汤饭种类繁多，食客可以随意选择，但在当时酱汤饭的出现还是一个新鲜事物，人气很高，用现在的话说，是当时的网红美食。当时的酱汤饭对于现代人来讲,味道可能并不好,是将流行于其他地方的汤饭中加入萝卜、蕨菜、桔梗、黄豆芽等熬制的蔬菜汤饭,而现在的汤饭则是以肉类为主的。随着时间的推移,到了日本殖民时期,另一种原本是身份低微的人吃的牛杂汤,以其特有的味道,逐渐在汤饭领域占据优势,酱汤饭也就逐渐消失了。1945年后,随着物质的丰富,在庆尚道有名的猪肉汤饭、在全州有名的豆芽汤饭等变得很受欢迎。从那时起,各种各样经过改良的汤饭在韩国各地陆续出现。

有一个和上面提到的牛杂汤有关的有趣的故事。牛杂汤在日本殖民时期,是与现在的炸酱面一般水平或者还不如的饮食。这里所说的水平并不是指饮食的人气,而是指那个时代的人们对于该饮食等级的认识。可能是认为沸腾的大铁锅里咕嘟咕嘟的白汤有些低级的缘故,当时的人认为牛杂汤是菜单里最不上档次的饮食,但它的味道有时让人"口是心非",于是就出现了一种奇怪的现象,即相比到店吃牛杂汤,其外卖生意反而更加红火。1929年发行的月刊《星乾坤》记载,当时牛杂汤的店主人一般都是屠夫,牛杂汤店用的碗碟也都是最便宜的陶器,与到其他饭店吃饭相比太掉价了。对于那些朝鲜王朝灭亡前的"两班"贵族来说,"屈尊"去吃牛杂汤并不容易。根据20世纪30年代朝鲜总督府规定的物价,当时一碗拌饭的价格是15钱(当时的1朝鲜圆=100钱),而牛杂汤的价格只有5钱。当时有报道称,有患有肺病等重病的人喝了牛杂汤恢复了元气。当时朝鲜王朝的遗老遗少们手中已经没有多少钱了,对于牛杂汤这种低档饮食拉不下脸到店里喝,只能派人买回家中来充饥解馋。这种牛杂汤的外卖文化在作家廉想涉描述当时社会的小说《三代》中也有非常生动的描述。小说中,一富人家的下人看到自家少爷在吃牛杂汤时,被吓了一跳,说:"真是的！您吃牛杂汤的话可怎么睡得着觉啊?!"同时,在该作品中可以看到,当时点牛杂汤的话,店家会把牛杂汤装在大锅里送到客人指定的地点,吃的时候再盛到碗里,如果凉了,可以放到火上加热一下。所以,牛杂汤在注重体面的文化氛围中发展起来了,蓬勃的外卖业务填补了市场的空隙,其和炸酱面一起成为最初的快餐外卖的代表饮食。如今牛杂汤被认为是上年纪的人需要经常食用的一种热腾腾的颇为文雅的饭菜，价格普遍高于拌饭，想起其最初的由来，真有一种隔世之感。

（四）石锅饭

石锅饭（见图2.5）原来是招待贵客才会做的，是在石锅中放入大米，再放入栗子、银杏、香菇、豆子、蔬菜等然后上火蒸熟的饭。热饭吃起来才舒服，而石锅可以保温，所以韩国自古宫中给王和王妃准备米饭的时候都是用小石锅来做的，一般家庭只有在招待贵客时才会用石锅来做。

图2.5 石锅饭

吃石锅饭有两种方法。第一种，把饭盛出来，往石锅里倒上水，等吃完的时候，锅巴已经发泡，搅拌一下就可以得到热乎乎的锅巴汤，再配着小菜食用。第二种，直接放入调味酱油等拌着吃。石锅饭中也可以放入海鲜、蘑菇、松茸、牡蛎、萝卜丝等，所以即使只在其中加入调味酱油拌着吃，不知不觉间也可以吃完一碗。石锅以济州岛的火山岩石锅为最好。另外，石锅拌饭是在石锅饭的基础上发展起来的，将在后面的“五色五味”一节详细介绍。

（五）竹筒饭、荷叶饭、假祭祀饭

地方特色美食或者乡土美食，是指在特定地区经常制作的，只有在当地才能吃到的食物。竹筒饭、荷叶饭和假祭祀饭可以看作这种类型的美食。

竹筒饭是指在竹筒里放入大米、泡好的糯米、黑豆、栗子、大枣、银杏等，用韩纸作为盖子封上后蒸熟的饭，是韩国竹子最多的全罗南道谭阳地区的乡土美食。竹子中的竹沥和竹黄据说可以对人体起到去火补气的作用。

荷叶饭是全罗北道金堤地区的乡土饮食。将荷叶切好,放入大米和其他谷物,包起来蒸熟即可。荷叶饭原来是僧人们喜欢吃的食物,它具有缓解疲劳等效果,非常符合现代人绿色养生的健康理念。

假祭祀饭,又名安东拌饭,是庆尚北道安东地区一种虽然不是为了祭祀而做,但是做得像祭祀饭的拌饭。这种饭一般放入芝麻盐、酱油等拌着吃。它最初是一种人们在祭祀后分享食物的阴福文化,现在已经成了一种宣传地区特色、促进地区发展的代表商品。

(六)紫菜包饭、盖饭、泡菜炒饭

紫菜包饭(见图2.6)、盖饭和泡菜炒饭这三种一般是韩式快餐店的主打产品。在韩国除西方快餐店之外,在大街小巷还有许多本土风味快餐馆,主要卖紫菜包饭、盖饭、炒饭、拌饭等,几乎包括所有家常饭品种。在这些小店,筷子、勺子以及喝的水一般都是自取,小菜基本会有一份,如果不够吃,可以跟服务员讲再加,有的店干脆设置了自助添加小菜的地方。这种饭店一般都是做街坊生意,回头客很多,价格亲民,不忙的时候甚至可以提供送餐服务。

图2.6 韩国常见的紫菜包饭

紫菜包饭是20世纪60—70年代学生们郊游便当的“常客”,从那时起开始流行韩国人现在常吃的紫菜包饭。一般是将菠菜、腌黄萝卜、胡萝卜、鸡蛋、牛肉、蟹足棒、火腿条等放在一起卷起来,其中卷的材料可以扩展到多种食物，如果喜欢吃素，就可以多卷些蔬菜；如果喜欢吃鱼，可以卷入金枪鱼；如果喜欢吃水果，也可以把水果卷入。根据使用材料，紫菜包饭有芝士紫菜包饭、金枪鱼紫菜包饭、泡菜紫菜包饭等，是极具韩国特色的食物。

盖饭和泡菜炒饭是为都市中忙碌的打工人准备的。打工人普遍午饭时间短，非常希望速战速决，盖饭或炒饭类的饭菜不用另外准备其他菜肴，非常符合他们的需要。盖饭和日本的丼饭差不多，根据浇头的不同，盖饭品种非常多。

泡菜炒饭是用泡菜和米饭加油一起炒出来的饭食，对于忙碌的现代人来说，可以不麻烦地解决一顿饭，并且味道很好。工作日中午时分，经营盖饭和炒饭的餐馆总是人气满满。虽然流行于西方的例如麦当劳、汉堡王、肯德基等快餐店已经在韩国开了许多，但是韩国人的胃大都还是比较传统的。这些西式快餐店在休息日时会有更多人光顾，工作日反而人不多，这说明韩国人去西式快餐店多为休闲。将汉堡炸鸡当成午餐天天吃，韩国人也是受不了的。

二、精彩纷呈的副食

副食即主食的配菜，主要包括泡菜、大酱、凉拌菜、咸菜、辣椒酱、炖菜、烤肉、煎饼以及各种汤类等。

每年11月，便是韩国人家家户户做泡菜的隆重时节，韩国人一年内吃的有妈妈味道的“泡菜口粮”都是在这一个月做的。各地泡菜虽口味不同，但基本制作流程一致，便是人们把大白菜、萝卜洗干净晾干后，加辣椒、蒜、葱、水果（多为苹果和梨）、海鲜等各种料，装入泡菜缸，密封半个月至一个月后食用。每家女主人都有腌制泡菜的丰富经验，各家各户都有各自的秘方，有的喜欢辣一点的，有的喜欢海鲜味重一点的，因此每家的泡菜口味也都不同。进入现代化社会后，除一般用途的冰箱之外，韩国人还专门生产了泡菜冰箱，用来放置泡菜。同时，由于生活节奏加快，泡菜发酵会产生味道等，韩国年轻人亲手做泡菜的已经很少，多数从超市买泡菜回家，韩国食品公司的泡菜生意因此非常火爆。凉拌菜主要可由时令新鲜蔬菜、绿豆芽、黄豆芽、干豆腐、粉条、桔梗、蘑菇等配合盐、酱油和味素等调拌而成。韩国人调拌凉菜很少放醋，且多为白醋，米醋只在中国商店才有得卖。辣椒、辣椒面、辣椒酱是韩国人居家必备，尽管颜色很红，看起来很辣，但辣度其实一般。

韩国的副食中，肉类占比很重。韩国人爱吃牛肉、鸡肉和海鲜，不喜欢吃羊肉。韩国人最喜欢吃他们本土生产的韩牛，韩牛的价格往往比进口牛肉的价格贵上好几倍甚至十余倍。平心而论，韩牛确实油花均匀，比澳大利亚或美国进口牛肉口感是要好一些，但是价格上翻这么多倍，感觉还是有些不可思议，但这就是韩国人的坚持，与韩国人坚持的“身土不二”的观念大有关系。

在韩国，随处可见的饭馆之一就是烧烤店。有用木炭烤的，也有用燃气烤的，甚至有用无烟煤烤的。韩国烧烤最具特色的一点就是，可以在室内的餐桌上烤肉吃。韩国烤肉餐馆的餐桌上一般内嵌烤盘，可以边烤边吃，保证吃的烤肉是刚烤出的最佳状态，这是和西式BBQ最大的区别。烤肉店一般会提供两种烤肉，一种是调料腌制好的肉，在烤制过程中不再调味；另一种是鲜肉，在烤制过程中再用盐和胡椒调味。根据食材不同的特性，调料的种类也会有所不同。

宫廷烤牛肉（见图2.7）是将牛里脊切成薄片，放入调料中腌制，然后放在烤架上烤制而成的。这里把牛里脊切成薄片的刀工非常关键，要薄厚适宜，否则会影响烤肉的口感。烤牛肉饼是将牛肉剁碎后调味，然后烤成扁球形，

图2.7 韩式宫廷烤牛肉

非常类似汉堡中的汉堡肉的做法。

韩国人也非常喜欢鸡肉，但是以前多为煮着吃，有名的参鸡汤和鸡肉白灼都有着悠久的历史。韩国炸鸡虽然近年来在中国很有知名度，但其实是韩国人根据西式炸鸡方式和市场喜爱的口味改良而成的饮食种类，并不能算是韩国原创。

韩国海岸线很长，本着靠海吃海的原则，其吃海鲜的历史非常悠久，各季节各地都有时令海鲜，如鳗鱼、梭子蟹、红蟹等。用炭火烤各种海鲜也很常见。与一年四季都可以吃到的肉类不同，应季盛产的海鲜一般会在特定的时期吃，也就是所谓的“不时不食”。提到韩国烧烤，一般人只会想到烤肉，但实际上在韩国，各种食材都可以用烧烤的形式烹饪。秋天的烤钱鱼、烤大虾、烤鳗鱼也是韩国人非常喜欢的美味，因为是应季才可以吃到的美味，所以到了季节，各海鲜产地都会举办各种各样的庆典，韩国人便会蜂拥而至，品尝时令海鲜烧烤。

至于羊肉，其实韩国人并不是不爱吃，主要是他们小时候，从家里长辈那里得到的信息便是“羊肉有膻味，不好吃”，所以韩国人对于羊肉一开始是抵抗的，但是最近几年，随着中国火锅和羊肉串火遍韩国，韩国人对于羊肉的这种偏见正在消失，爱吃羊肉的韩国人已经越来越多，甚至有人将其视为心头好。

韩国人确实有一部分人爱吃狗肉，但是多为五十岁以上的群体，年轻一代几乎已经没有这种爱好了，狗肉馆也是越来越少。

汤类是韩国人饮食中区别于中国饮食的一个重要部分，是就餐时不可或缺的菜品。韩国饮食中汤类繁多，影视剧中出现频率比较高的有大酱汤、泡菜汤、海带汤，他们经常喜欢吃的有三鲜汤、明太鱼汤、牛杂汤、参鸡汤、牛尾汤等。此外，还有汤饭类，例如猪肉汤饭、牛肉汤饭、黄豆芽汤饭、米肠汤饭等。

糕点深受韩国人的喜爱，韩式糕点以蒸为主，有打糕、蒸糕、发糕、油蜜果、麦芽糖等。虽然近年来西式糕点在韩国开始占据主流，但是逢年过节、婚丧嫁娶时，作为重要节日象征的糕点还是以传统糕点为主，例如过年要喝年糕汤、孩子周岁要送周岁糕给亲戚朋友等。

韩国人的日常饮料包括酒类和一般软饮两类。传统的三亥烧酒[①](见图2.8)是一种浊酒,其历史可追溯至新罗百济时期。农家酿制的马格利酒[②](见图2.9),酒精度低,清凉可口,但后劲十足。韩国现在卖的烧酒已经和传统工艺酿造出的烧酒[③]大不一样了。1965年,为了缓解粮食危机,韩国政府禁止酿造烧酒,从那时起,烧酒主要的制造方法变成了用水稀释食用酒精并加入香料。今天大量的廉价烧酒就是用这个方法制造出来的。数据显示,韩国人均每年要消耗约100瓶烧酒,全国年消耗总量超30亿瓶。此外,还有各种果酒,如梅子酒和覆盆子酒等。一般软饮包括甜米露、生姜茶和肉桂茶等。

图2.8 三亥烧酒　　**图2.9 马格利酒**

韩国多山地,山地多泉水,泉水洁净,清凉甘美。中国历史文献中很早就有记载朝鲜半岛上的人"食涧水",所以喝泉水是韩国人悠久的历史文化

---

① 三亥烧酒指从正月的第一个亥日开始,每逢亥日(间隔十二天)酿造一次,经过三次酿造而成的酒,是首尔市代表性"家酿酒",被收录为世界文化遗产。

② 马格利酒是韩国的代表性酒类,由大米、小麦等谷物蒸干后加酒曲兑水混合发酵而成,颜色呈白浊色,是一种酒精度数为6—7度的低度酒。由于颜色浑浊,所以其又被称为浊酒。浊酒常用作农忙时农民解渴的饮料,故又被称作农酒。

③ 韩国传统工艺酿造出的烧酒(Soju)是一种酒精饮料,主要的原料是大米,通常还配以小麦、大麦或者甘薯等。其颜色透明,酒精度数一般在18—22度。

传统。虽然现在家家户户都有自来水，但每天早上，天气晴好的话，年纪大的韩国人还是会早起，带着容器上山，在锻炼身体的同时也打些山泉回来。一般人家中喝的水也都是从超市买回的矿泉水，极少有人会烧水来喝。

第二节 食素之因

韩国饮食中各种素食菜肴品种尤其多，自古便在韩国人的餐桌上占据着绝对重要的地位。那么究竟是什么因素促使韩国形成如此发达的素食体系的呢？

一、古时食用油来源少

食用油自古在朝鲜半岛便非常珍贵。朝鲜半岛自古种植生产稻米类植物较多，产油类植物并不多，产出的植物油量也不大，并且在旧时油类的生产技术也都是小作坊赖以生存的不传之秘，所以整个朝鲜半岛都非常缺乏植物类食用油。植物类食用油也就成了非常珍贵的存在，只在年节或先祖祭祀的重要场合才会用油煎制节日或祭礼食物。直到20世纪70年代初，韩国才实现了食用油的大量生产，从那个时候开始才陆续出现了我们现在所熟悉的炸鸡、炸鱿鱼圈等韩国以炸制出名的食物。

但并不是说这种油炸或者油煎的食物在朝鲜王朝时代没有，18世纪的农业名著《增补山林经济》、19世纪的传统百科辞典《五洲衍文长笺散稿》等书中都有将干炸片当作佐餐佳肴或下酒菜的记载。同样，1787年的《故事十二集》中也提到过干炸片是将海带用油煎制而成的；19世纪初的《闺合丛书》中提到干炸片是将海带挂上糯米糊油炸而成的。最近，喜爱素食的人越来越多，素食食物也越来越多，干炸片就是韩国自古以来食素的僧人们最喜爱的食物，通过干炸片可以摄取植物油补充热量。海苔、紫苏、苏子叶、土豆片、南瓜片等各种素食食材都可以做成干炸片，人们可以根据自身喜好来食用。

再之前的古籍中，油炸类食物的记载就很难寻了，这是因为油非常珍贵。甚至朝鲜王朝肃宗时期少论派党首性理学大家尹丞(1629—1714)留给后人的遗训中就有“不要将年糕、油果、饼等食物摆到供桌上”，即指不要浪费宝贵的油在这些食物上，要过简朴的生活。但其实尹丞提到的这三种食物使用油的方法和西餐中的并不相同，这三种食物主要还是蒸制而成，油只是参与了制作且多为苏子油或芝麻油，但即使这样，大儒尹丞还要教导后世子孙不要浪费，要把油用在更重要的地方，可见当时食用油是多么珍贵。所以，韩国饮食中大量使用油的煎、炸、炒类菜肴样式非常有限，基本以煮、焯、蒸、炖、烤等烹饪方式为主。

韩国人自古喜欢吃牛肉，可以说是无牛不欢，但因为牛是重要的农业生产资料，农业又是朝鲜王朝的立国之本，所以朝鲜王朝初期就宣布了“宰牛禁令”，不许民间私自宰杀牛，牛肉对于平民来说就成了一种传说中的美味。直到朝鲜王朝后期，随着养牛规模的扩大，宰杀的规模慢慢变大，平民才逐渐开始吃得到牛肉，即使这样，在当时每年的人均牛肉摄取量也不过一千克左右。而且，朝鲜王朝时代的人们几乎不吃猪肉，导致养猪的规模很小，所以不像中国古代民间可以靠养猪来提供猪油作为食用油。

因为食用油稀缺宝贵，生活在朝鲜半岛的人们就学会了将可以找得到的各种食材以煮、焯、蒸、炖、烤等方式入菜，以大酱、酱油、泡菜等来调制菜肴下饭，创造出了丰富多彩的素食文化。在韩国，平均每人每年可以消耗35千克左右的泡菜。可以说正是由于朝鲜半岛食用油和荤食来源的极大限制，韩国才形成了发达的素食饮食文化。

二、高丽王朝崇佛

佛教传入朝鲜半岛后，新罗法兴王朝开始积极扶持佛教，佛教得到快速发展，之后的高丽王朝受到新罗崇佛的影响以及出于政治需要，各代王也都对佛教推崇备至，佛教的发展在高丽王朝时期达到顶峰，甚至被奉为国教，影响着当时社会的各个方面。受中国佛教崇尚食素的影响，高丽王朝时期佛教也崇尚食素。由于崇佛，而佛教禁止杀生，所以在高丽王朝时期狩猎和宰杀在民间都是被严令禁止的。餐桌上少了肉食，空出来的位置自然被各种蔬菜占据，所以高丽王朝时期的素食文化非常发达，肉食文化自然衰退了。高丽人制作素食的方法有多种，可以生吃、煮着吃、做成汤来喝或者包饭吃等。直到高丽王朝末期,蒙古人带来了多种肉食菜肴以及先进的屠宰技术,在之后的朝鲜王朝时期,肉食菜肴才重新回到了韩国人的餐桌。

目前,韩国信仰佛教的人数大约有1000万,约占总人口数的20%,其中9成以上都属于曹溪宗。佛教信徒会定期不定期地挂单各地的寺庙进行短则两天,长则半个月的修行,修行期间会吃素食斋饭。其中灵山斋是具有韩国特色的佛教供养仪式,有唱歌、跳舞、茶礼、向佛和菩萨供养等环节,灵山斋斋饭也成了韩国饮食中素食的代表食物。

三、山珍海味来源广

朝鲜半岛自古崇尚“医食同源”,所以喜欢将各种可以收集到的野菜入菜,在春夏两季挖来各种野菜然后将其风干腌好,以供秋冬两季食用。

艾蒿、荠菜、沙参、蕨菜、苦菜、干萝卜缨、桔梗等都是韩国人餐桌上的常客。野菜一般是腌制后食用,新鲜的也可用水稍微焯一下,加入调料拌着吃。苦涩的口感配合独特且浓郁的香味,再加上不同口味的调料辅佐,调制好的野菜使人欲罢不能。野菜对于韩国来说是大地赐予的礼物,因为在大地、大山、阳光、风和雨水的长期呵护下,各种野菜用它们独有的香气传达着大自然的味道。

朝鲜半岛三面环山,所以自古水产品就非常丰富,正所谓“靠山吃山靠海吃海”,临海而居的人们的餐桌上自然也就增加了不少海产品,如海带、裙带菜等。

四、素食种类丰富

提起韩国饮食,大多数人会联想到韩国烤肉、参鸡汤、炸鸡等荤菜,但其实韩国人平日里餐桌上的菜肴绝大多数还是蔬菜,肉食菜肴会作为“硬菜”,但并非每顿饭都会有,并且一般在外吃的较多,在家则以泡菜、一些简单的蔬菜拌菜为主。由于前文提到的食用油珍贵、民间崇佛、山珍海味来源广等,韩国菜肴中素食种类可以占到总体饮食种类的七成。

韩国菜中有不少菜肴已经成了世界各地素食爱好者的选择,比如石锅拌饭、冷面、辣炒年糕、各种凉拌菜和各式泡菜风靡全球。

五、素食主义有市场

韩国经济腾飞后，普通民众的生活条件有了极大的改善，不再吃不起肉了，牛排、自助餐成了有身份的象征，人均牛肉消费量也从20世纪80年代的2.6千克提升到了2018年的12.7千克。

但随着生活条件的进一步改善，健康成了人们考虑的第一要素，肉食所带来的猛增的慢性病发病数量，让人们对其有了警惕，肉食渐渐不再吃香，传统的素食重新成为一部分韩国人的宠儿。

如今，在韩国食素已经不仅仅是个人行为，一些地方政府也在潜移默化地引导国民多吃素食。韩国有些教育部门设置了“素食日”活动，每周一天向学生提供素食餐饮。一些大学也纷纷推出素食餐厅，尽管价格比一般餐食贵一倍，但仍吸引了大批学生前往就餐。韩国专门经营素食主题的餐厅也越来越多，“素食日”活动也逐渐走入了越来越多的韩国人的日常生活。

第三节 韩式甜点

韩国传统饮食中也有甜点类吗？按照前菜、主菜的流程，甜点就是正餐最后一步时吃的，韩食很难像西方料理一样，专门分出一个餐后甜点类来。如果要往甜点这个类别上靠的话，韩果和饮清类（非酒精饮料）这两类应该属于韩式甜点。韩式甜点虽然在烹饪技法和形态上符合西餐对于甜点的定义，但其种类更为丰富，风味也别具一格。

一、韩果

传统韩式甜点中的代表就是韩果。韩果又软又脆，是孩子们的最爱。根据制作方法或使用材料，韩果可以分为油果、药果、蜜饯、茶食、麦芽糖等。在韩国，逢年过节亲友间不仅会送一些西式的糖果礼盒，也会送如图 2.10 一样的韩果礼盒。

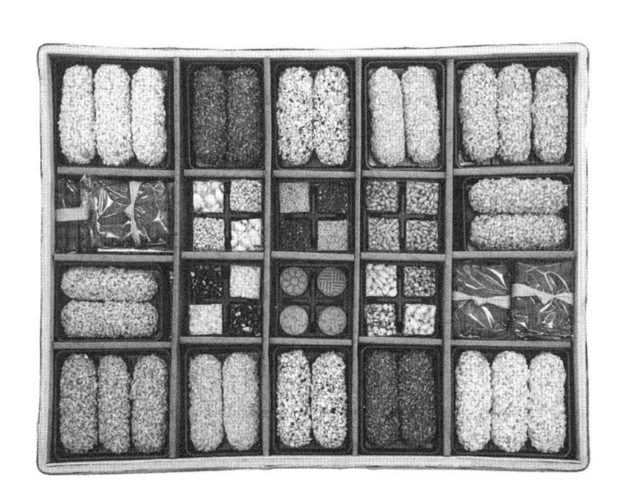

图 2.10 韩果礼盒

(一)油果

油果是在糯米粉里放入浓豆浆、酒后搅拌再揉成团,煮熟擀成薄片后晾干,再经过油炸粘上米粉制作而成的,是具有代表性的韩果之一。油果富含麦芽糖,特别容易受热而化掉,因此多在秋冬天大量制作。根据最终成品外形及大小的不同,可分为馓子、江米块等。

(二)药果

药果是在面粉中加入芝麻油和蜂蜜做成的一种韩果。在韩国,药果是祭祀时必不可少的食物。药果有点黏也较硬,但入口后如果多嚼几下的话,就会散发出香甜的味道,是一种奇妙的点心。

(三)蜜饯

蜜饯是用水果和蜂蜜熬制而成的一种点心,因可以长期保存且口味甜美而深受老人和孩子的喜爱。制作工艺和中国蜜饯果脯的技法类似。

(四)茶食

茶食是将米粉、芝麻粉、栗子粉、松花粉用蜂蜜和在一起揉成一团后做成的点心。在喝茶时吃的话,茶食会散发出独特的香气,还有碎裂口感。中国南方地区也有类似的点心。

(五)麦芽糖

麦芽糖在制作韩果时多会用到,但就其本身其实也可以看作韩果的一种,其营养丰富且具有多种功效,从古至今一直在韩国甜点中占有重要的位置。麦芽糖可以通过将煮好的谷物放入麦芽水中发酵,再在锅里长时间熬制而得。稀的麦芽糖被称作糖稀,熬得久一些的被称作饴糖,在饴糖冷却凝固前反复拉伸几次便可制成白饴糖。虽然麦芽糖的材料和制作方法看似简单,但是因为要长时间在火上操作,制作过程中需打起十二分精神才行,一不小心就会被烫伤,需要消耗不少心思和体力。在没有白砂糖的旧时,甜味主要由糖稀来提供。在韩国,江原道平昌的玉米麦芽糖、郁陵岛的南瓜糖以及开城的栗子糖等都很有名。

旧时,朝鲜半岛上的王清晨一睁开眼睛,就会先吃两勺糖稀,然后开始一天的工作。作为古时甜味的主要提供源,麦芽糖在东方众多医书中都有着多种功效方面的记载。

二、传统饮料

饮清类是非酒精饮料的总称，包括水正果（生姜桂皮茶）（见图2.11）、甜米露（酒酿）（见图2.12）、花菜（鲜花水果茶）（见图2.13）、茶等。虽然朝鲜王朝以前也有饮清类的记载，但事实上，直到朝鲜王朝时代才发展出现在这么多种类的饮品。

（一）水正果

水正果是在生姜和桂皮熬出的水里放入柿饼或松子的饮料。当然，这只是如今水正果常见的制作方法。据说，在朝鲜王朝时代，在梅花、柚子、山楂、当归芽、梅子粉中加入蜂蜜混合煮出的饮品都被称为水正果。

（二）甜米露

甜米露是用蒸好的糯米放入麦芽水发酵后，将饭粒放在冷水里漂洗，然后捞出，煮沸冷却后饮用的一种饮品。因为甜米露有助于消化，所以常和年糕或肉类一起食用，是普通百姓最喜爱的饮料。

（三）花菜

花菜是在五味子汤或蜂蜜水、果汁等中加入水果或花瓣一起喝的饮料。花菜有金达莱花菜、梨花菜、樱桃花菜等多种。一种名为水团花菜的是先将粳米粉撒在白年糕上，切成花瓣模样后再粘上淀粉，用冷水冲洗后放入蜂蜜或五味子水中一起食用的传统花菜。

图2.11 水正果

图2.12 甜米露

图2.13 花菜

第四节 特别饮食

除日常饮食以外，韩国还有一些不常见的和传说中的饮食，以及一些只有在特定日子才会吃的饮食。

一、宫廷饮食

韩国的宫廷饮食是最能代表朝鲜王朝华丽饮食文化的。《大长今》中对于朝鲜半岛宫廷饮食有着比较详细的演绎，经常出现的有神仙炉[①]（见图2.14）、蒸鲍鱼、闺雅相[②]（见图2.15）等。朝鲜王朝时期有多部文献，如《经国大典》《朝鲜王朝实录》《进宴仪轨》《进爵仪轨》《宫廷饮食发起》，都详细记录了礼仪、器皿、厨具、摆台、菜名和食材等饮食文化元素，以及关于宫廷宴会或节日的情况。现存唯一记录朝鲜半岛的王们的日常饮食的文献，是正祖

图2.14 神仙炉

图2.15 闺雅相

① 神仙炉是指将肉、海鲜、蔬菜等材料做成小煎饼围着炭火桶周围码放，再加入高汤边煮边吃的典型宫廷饮食。

② 闺雅相是朝鲜王朝宫廷中用黄瓜、香菇、牛肉等食材做成的海参状的饺子。由于形状美观，所以被称为“美饺子”。又因含黄瓜多，其也被称为“黄瓜饺子”，主要在黄瓜盛产的夏季吃。

(1752—1800)十九年著成的《园幸乙卯整理仪轨》。现在的宫廷饮食烹调方法是从朝鲜王朝最后一位厨房尚宫——韩熙顺(已故),以及其二代传承人黄慧性、三代传承人韩福丽那里传承下来的。根据她们的描绘,朝鲜王朝的王们每天要吃五顿饭,分别是初朝饭、早膳、日膳、夕膳以及夜膳。

初朝饭:一般为起床后为了消除饥饿感而吃的一些粥类。以前没有汤药的时候,宫中内医官会根据季节加入多种辅料熬粥,作为滋补身体的重要手段。

早膳和夕膳:这是王和王妃每天最为主要的两餐,早膳一般在上午十点左右,晚膳在下午六点到七点之间。这两顿饭会使用水刺床,桌上最多可以摆十二碟佐餐,佐餐的材料会根据季节的不同而不同。食材一般都是全国各地进贡来的最好的农产品。当时宫廷基本的饮食和现在并无太大区别,主副食也包括米饭、汤、炖菜、煎锅、泡菜以及酱类等。有趣的是,准备的米饭总是两种:一般的白米饭和红米饭(用煮红豆的水做的饭)。摆放时,一般是白米饭和海带汤放一起,红米饭和牛骨汤放在一起,也可以根据喜好随意更换。

日膳:旧时,王和王妃的正餐就是早膳和夕膳,日膳一般是水果、糖果、年糕和花菜等,或者是米糊类。日膳一般不使用水刺床,而是使用午饭桌(낮것상,natkkotssang),只有在宗亲或外戚来访时才会摆酱汤桌。

夜膳:相当于夜宵,是一天五顿饭中的最后一顿饭,一般是一些简单的食物,比如面条、八宝饭、甜米露或者牛奶粥等。

一天五顿是不是有些多呢?其实正儿八经的饭只有两顿,即早膳和夕膳,初朝饭和日膳较为简单,夜膳就跟我们现代人吃的零食差不多。我们如果把吃零食、吃水果、喝茶等都算上,按照朝鲜王朝宫廷膳食中有关“顿”的算法,一天五顿都不止吧。

朝鲜王朝的宫廷膳食是从品目众多的食物中各选取少部分放在盘碟

中,然后一同摆在水刺床[①](见图2.16)上献给王。水刺床上一般有两种米饭,即白米饭和红豆饭;三种泡菜,即辣白菜泡菜、萝卜泡菜以及水泡菜;两种汤,即大酱汤和鱼汤;三种酱,即酱油、加味酱、辣椒酱;以及炖肉、烧烤等。

图2.16 水刺床

之所以会准备得如此丰盛,是因为全国百姓都会按时将最好的收成上贡到王宫,宫中的厨师将这些进贡的食物做成各色菜肴端上水刺床,王即使没有时间游历全国,也可以借此了解到百姓们的收成以及季节的转变。如果桌上的菜肴没有什么大变化,则表明国泰民安;如果菜肴数量突然减少,或材料有所改变,就代表可能有事情发生。王可以透过菜肴来感受国家的发展状况。王用膳时,会有两位尚宫[②]在旁服侍,会陪王说话,还会先试菜。这两位尚宫被称为气味尚宫。

前面提到过,《园幸乙卯整理仪轨》中明确记载,正祖的饮食最多为七碟。即使如此,正祖的七碟也算是不错的。根据《朝鲜王朝实录》,一些年代

① 为王准备的餐食的名字就叫作水刺,而摆上餐点的矮饭桌就被称为水刺床。端上水刺床的餐食由内烧厨房调制,但由于内烧厨房距离内殿太远,所以就将做好的菜肴先装到食盒内保温,拿到退膳间,再在退膳间装盘,布置好餐桌后,端到内殿供王享用。

② 尚宫,指的是在宫中担任官职的女性。王宫内有不同的正殿偏殿(如大殿、太后殿、中殿、东殿等),内有不同的部门,如针房、绣房、御膳房、退膳间、洗踏房、生果房等,王上至世子(王子)、公主(翁主)的日常起居饮食,都得靠宫女打理。宫女的职位包括提调尚宫、至密尚宫、最高尚宫、保姆尚宫、侍女尚宫、监察尚宫、训育尚宫、特别尚宫、气味尚宫、出纳尚宫等。

的王的膳食甚至只有三碟。《承政院日记》中有记载英祖曾说道:"香菇、生鲍鱼、小野鸡和辣椒酱四种食物味道很不错,看来我的味觉还没有完全老去啊。"由此可见,英祖的饮食偏好是非常朴素的。朝鲜王朝是以性理学为基础建立起来的,所以膳食要求自然朴素。性理学追求的不是凌驾于百姓之上、贪图享乐的王,而是要展现出完全的节制和节俭的王。王的膳食,可以说是性理学中节约精神的具体体现,是最具代表性的实例。朝鲜王朝的王作为百姓的典范,举手投足都要成为百姓的楷模,因此,他们无论穿衣还是吃饭,甚至是住的地方,都比较朴素。

二、寺庙饮食

寺庙饮食指的是寺庙中僧人吃的食物。寺庙饮食蕴含了佛教的基本精神,用朴素的材料制作,相比市面上繁多的民间饮食,其种类并不多。

在用托钵化缘的小乘佛教圈里,寺庙并不制作饮食,而属于大乘佛教圈的韩国的寺庙饮食则特别发达。寺庙中制作饮食时,会禁用蒜、葱、韭菜、洋葱以及肉类等。禁用蒜等五辛菜是由于食用五辛菜后人体会散发出臭味,并且容易发怒等,会严重耽误修行。寺庙饮食制作时一般只用简单的烹饪方法,其特点是突出主材料的味道和自然香气,使人抛却杂念。寺庙中不动荤腥,所做的都是素食糕点、酱菜、菜干、泡菜等,平时也会用豆腐、蘑菇、山菜做凉拌菜等作为佐餐。调味因为不用五辛菜,所以多用酱油、大酱以及糖稀、老南瓜、海带、蘑菇、紫苏等酱料和天然调味食材,菜肴不咸不辣,清爽可口。

三、祭礼饮食

深受儒家思想影响的朝鲜王朝时代,特别重视礼仪,基本上每年会在先祖的忌日进行一次祭礼,另外在旧正(相当于中国的春节)和秋夕(相当于中国的中秋节)两个重要节日各进行一次祭礼。为了祭祀而准备的食物叫作祭礼食物。祭祀桌上一般会有以下食物:

(1)祭饭:米饭。需要注意的是,米饭要盛得满满的。

(2)汤或羹类:放入牛肉、萝卜、海带等熬成的清汤。

(3)三汤:用牛肉和萝卜做成的肉汤;以鸡肉为主料做成的凤汤;用干明太鱼、海带及豆腐做的鱼汤。这三种汤分别代表陆地、天空和海洋。

(4)三炙:用牛肉或猪肉烤制成的肉炙;用鸡肉烤制成的凤炙;用鲻鱼、黄鱼、鲷鱼整条烤制成的鱼炙。

(5)素炙:把豆腐切成大块,然后烤成金黄色。有时素炙也会被包含在三炙内。

(6)香炙:把葱、大白菜泡菜、桔梗、海带等切成长条后用竹签串起来煎熟。

(7)干纳:把鳕鱼、明太鱼等的白鱼肉切成鱼片然后煎熟。

(8)脯:猪肉脯、鱼肉脯等。比如将干明太鱼切掉嘴尖和尾巴,然后把鱼的头部朝东侧摆放。

(9)食醢:用鱼贝类、大麦芽和谷物混合后,加入辣椒粉、葱、大蒜、盐等调味腌制而成。其中包括鲽鱼食醢、冻明太鱼食醢、银鱼食醢等。由于风俗的改变,现在也可以用鱼虾酱来代替。

(10)熟菜:指三色凉拌菜,即白色的桔梗菜、褐色的蕨菜、青色的菠菜焯一下后凉拌。

(11)沈菜:也就是泡菜,用萝卜、大白菜、水芹菜做成的萝卜片泡菜,不放辣椒,清清凉凉地腌制。

(12)饼类:年糕、发糕以及花饼等装饰用糕点,秋夕还会放上松饼。

(13)果类:大枣、栗子、柿子、梨等当季水果以及油果、茶食、蜜饯等。

祭祀桌上食物的摆放顺序是“鱼东肉西”(鱼类食物放在东边,肉类食物放在西边)、“左脯右露”(左边放置肉脯,右边放甜米露)、“红东白西”(红色食物放东侧,白色食物放西侧)等。这个顺序与招待活人的食物摆放顺序正好相反,并且筷勺并不放在桌上,要插在饭中间。据说,这样进行祭礼后,就会得到祖先的庇护和祝福。

四、具有特殊意义的饮食

在韩国还有一些食物是只在特别的日子才会吃的，具有一定的特别意义。

（一）黏黏的糯米糕和麦芽糖

朝鲜半岛古代设有科举考试，科举成绩会以榜文形式公布。所以为了讨个吉利，考生在考试当天一般会吃一些黏的东西，象征着这次考试一定会金榜题名，这个习俗一直流传到现在。在韩国，在重要考试日之前人们会给考生送糯米糕或麦芽糖以图个吉利，例如高考前，就会看到到处都有包装精美的糯米糕或麦芽糖出售的情景。原因是什么呢？就是因为糯米糕或麦芽糖都有“黏黏糊糊”的性质，可以把考生“啪”一下结结实实地粘在榜上，都能如愿考入理想的大学。每当子女参加高考那天，父母们都会在考生参加考试的学校附近的墙壁上粘上黏稠的麦芽糖。

（二）顺顺利利的海带汤

韩国人过生日，其他菜可以多种多样，但海带汤是一定要有的。生日当天，亲朋好友除问候生日快乐之外也会多问一句“喝海带汤了吗”。在韩国，孕产妇也要多喝海带汤。对此一种解释是海带本身有黏液，孕妇喝了可以保证顺产；另一种解释是海带汤是孩子出生后，要献给掌管怀孕、分娩和育儿的神仙三神奶奶的供品，可以保佑孩子健康长寿。其实吃蛋糕也有类似的说法。据说蛋糕是献给象征掌管生育的女神阿尔忒弥斯的，又因为阿尔忒弥斯是月亮女神，所以献上的蛋糕就做成了象征月亮的圆形。

既然海带被赋予了顺顺利利的含义，那么考试或者有重要的晋级机会、会议、签约等重大事项的时候，可不可以喝海带汤呢？答案是：千万不能喝。因为韩国人认为海带特别滑，对于孕产妇固然是极好的，但到考试或者晋级等时，千万不能食用，因为这时海带的寓意成了“想要达成的事情可能会做不好，机会可能会溜走”。

（三）下雨天，米酒配葱饼

下雨天，听着淅淅沥沥的声音，如果和家人或好友在一起喝着米酒，吃着葱饼，欣赏着雨景，对于韩国人来讲会是一件非常惬意的事情。韩国人爱聚会，碰到下雨天，下班后就会约上同事或朋友直奔葱饼店，即使在家里碰上雨天也会特别想吃葱饼。为什么下雨天会想吃葱饼呢？韩国某电视台还真的为了解答这个问题进行了多种实验，有一种最让人接受的理由是，下雨的声音和油锅煎饼的声音差不多，人们一听到雨声就会联想到煎饼，所以一到下雨天，韩国人就会做煎饼、到处找煎饼店，吃煎饼时配上甜丝丝的米酒，和家人朋友谈天说地，好不惬意。

第五节 街头饮食

最能近距离感受一个国家饮食文化细节的地方非街头饮食莫属了。北京的王府井、泰国的高山路都是品尝当地街头小吃的绝佳去处，是旅游打卡的胜地。

街头饮食即指在道边等比较简陋的环境里烹饪和售卖的即时饮食，大部分是平民美食，是所有社会阶层都消费得起的食物。韩国的街头小吃一般分为本土小吃和海外小吃两类。紫菜包饭、辣炒年糕、糖饼类面食、烤地瓜、鲤鱼饼等有特色的韩国人从小吃到大的本土小吃人气很高，海外小吃中土耳其烤肉、章鱼小丸子、华夫饼等也深受韩国人喜爱。

在韩国，这样的街头小吃一条街，一般都是自发形成的，在居民聚集的区域随处可见。以首尔为例，新村、梨花女子大学、弘益大学附近的小吃街，以年轻学生消费得起的紫菜包饭类的份食以及寿司、章鱼小丸子、土耳其烤肉、烤香肠、烤土豆等菜品为主。而仁寺洞附近多为传统文化街道，这里主要是糖稀、糖饼、南瓜麦芽糖等传统美食。鹭粱津地铁站附近虽然并不是什么著名的旅游景点，但该地区附近有着众多的考试院、复读院以及各种培训机构，其经营的菜品主要是吐司、汉堡包、三明治等备考的学生可以消费得起、吃得饱的食物。

另外，韩国的传统市场中也有各色小吃美食，所以要想一次性品尝多种韩国小吃美食的话，那么去传统市场一定错不了。虽然近年来传统市场在和大型超市的竞争中逐渐处于绝对劣势，日渐式微，但一直到现在，它还是一个充满烟火气和丰盛美食的地方。如果想真正感受韩国饮食和韩国人的生活，一定要去那里看一看。

通仁市场拥有70多年的历史，现在仍有70多家店铺在营业。2005年，作为传统市场设施现代化改造项目的一部分，该市场进行了重组，对市场硬件进行了改造升级，将以前露天市场升级成为顶棚封闭型，以便顾客无论在下雨或下雪天气都可以在市场里安心购物。通仁市场里最有名的就是盒饭餐厅。选食物之前首先要到位于顾客服务中心二楼的盒饭餐厅购买代币铜钱和一个饭盒,之后便可以边逛市场边用代币铜钱来购买想吃的小吃,将小吃放入饭盒中到盒饭餐厅里享用就可以了。在这里,能够直接品尝到韩国人最为日常的饮食。

广藏市场在许多韩国综艺节目中都出现过,可以被称为美食广场,一个拥有悠久历史的市场。为了满足南来北往的人们想快速吃到食物的需求,市场里陆续出现了单一品种餐馆,聚集了各种美味小吃。市场里有生拌牛肉胡同、鳕鱼汤胡同、绿豆煎饼胡同等,餐馆的生意都十分红火。传统市场是可以体现韩国社会发展历程,承载韩国人的满满回忆,充满温情的地方。但是非常可惜,大型超市以及外卖行业的发展,使得传统市场的生存空间越来越小,也许再过十年,这样的传统市场就很难再看到了。

第六节 韩流风潮与韩食国际化

随着韩流的影响越来越大,韩食不再仅着眼于本国内部,而是将目光逐渐放到了世界范围,由韩国政府牵头的韩食国际化工程正在积极推进。

一、韩食风潮

2003年,一部宫廷剧《大长今》横空出世,除剧中跌宕起伏的人物命运之外,最吸引眼球的莫过于剧中大篇幅描绘的朝鲜王朝的宫廷饮食,“哇,这是什么菜啊?怎么摆得那么漂亮,看起来好丰盛,好好吃的样子,不知道什么味道……”观众们边看边发出赞叹。就这样,《大长今》成功地引起了国外观众对韩国饮食的好奇心,不但在东亚,而且在阿拉伯地区、欧美地区等也掀起了一股韩食热潮,直到今天许多人还对剧中的各种美食念念不忘。

紧接着,《食客》等其他韩国影视作品中出现的各种食物和与食物有关的故事都成为当年非常热门的话题,引起了世界范围内观众的兴趣。掀起韩食热潮的电视剧之一是《来自星星的你》。其中,女主所说的“下雪了,怎么能没有炸鸡和啤酒呢?”火爆网络,尤其在中国掀起了一股炸鸡啤酒的热潮。韩国相关炸鸡连锁店纷纷进军海外市场,重点便是中国。时至今日,这股热潮仍未消退。韩国日常的各种韩食纷纷在各个国家落地生根。在这种韩流热潮下,韩国本土大企业也纷纷进军世界市场,其中CJ Foodville的连锁拌饭餐厅拌拌锅(bibigo)于2010年8月在中国北京首开,之后进军洛杉矶、伦敦等著名国际大城市,形成了全球效应,牢牢抓住了海外消费者的心。特别是其在伦敦的SOHO店,连续两年成功入选伦敦版《米其林指南》,成绩斐然。拌拌锅主打日常韩食中各色拌饭,店面从装修到服务员穿戴都是韩国传统式样,在这里除了可以吃到各色美味的韩国拌饭,还可以直接领略韩国特色的饮食文化。

二、韩食的国际化

韩国政府一直在全世界积极推广韩食，做了许多努力，先后扶持了许多韩国当地品牌。

韩食在世界范围内的走红有很多原因。通过文化输出例如电视剧和K-pop韩流起到了非常大的作用。荷兰食品流通公司Fresh Retail组织著名的厨师和电视人访问韩国，他们走遍韩国各地，感受着地域特色，先后参观了釜山札嘎其市场、淳昌传统辣椒酱村、安东烧酒博物馆、春川鸡排胡同、首尔可乐洞、马场洞畜产品市场等，体验了地道的韩国风味。

美国公共电视台PBS制作并播放了宣传韩食的纪录片《泡菜编年史》，是由连续三年获得米其林三星最高评价的明星主厨尚-乔治·冯格里奇顿(Jean-Georges Vongerichten)和他的韩裔妻子玛赞(Marza)一起主持的一档旨在推广韩国美食和韩国文化的节目，每集30分钟，分13集，第一季邀请的嘉宾是饰演金刚狼的好莱坞影星休·杰克曼(Hugh Jackman)。节目通过外国人的角度，大力宣传韩食，在世界范围掀起了韩食风潮。

有的人看了韩剧后被其美味的食物所吸引，就到韩国去学习韩食的制作。不仅如此，在韩国学习后，回到家乡经营韩食的人也非常多。阿利扎(Altizer)在美国经营着融合韩餐味道的墨西哥卷饼餐车；劳拉·李(Laura Lee)则经营着海鲜葱饼、饺子、糖烧饼、烤肉、辣炒年糕、面片汤、香辣牛肉汤等韩国传统食品的餐车。有意思的是，他们卖的韩式特色美食有时还会被认定为当地美食。另有日本人去韩国学习两个月的韩餐制作后，在家乡开了一家韩国小餐馆，深受当地人喜爱，甚至上了当地报纸。韩餐在中国的发展情况也非常好，各种韩食餐厅层出不穷，有韩国的连锁店，也有改良的本地品牌。

韩国对韩食的推广较为成功，这有着多方面的原因。首先，由于通信和交通方式的发展，世界食品市场日益壮大。其次，韩国饮食以健康为导向，追求多样化和高级化，符合当今世界食品消费趋势。通过韩食可以领略到发酵食品和其他功能性食品，最重要的是韩餐中所用的众多亲近自然的食材是兼具营养和味道的佳品。韩食主要使用蔬菜和海鲜等低热量食材，更多地使用发酵以及蒸煮等健康的烹饪方法。韩流在全世界范围内的流行为韩食的推广提供了强大的助力。

目前世界公认的美食有中国餐、法国餐、意大利餐、日本餐和泰国餐等。韩国政府决心要把韩食发展为“世界五大美食之一”。1998年,韩国确立“文化立国”战略,并于2009年4月更进一步确立了“韩餐世界化推进”战略,成立了韩餐世界化推进委员会,由时任总统李明博的夫人金润玉担任名誉会长。该战略和韩国国家品牌委员会的宗旨契合,得到了大力支持。该委员会直接听命于总统,由企业、政府、行业组织、专家等组成,可提供强大的智力和人脉支持。凡涉及“国家品牌”,势必是牵涉国家形象的大事。对于重大品牌项目,该委员会就会召集相关人士进行综合管理和统筹协调,所有经费由政府和国会审批后拨付使用。仅“韩餐世界化推进战略”一项,在2009年到2013年,韩国政府便投入了约500亿韩元(约人民币2.75亿元)。韩国把“传统食品世界化”作为一项国家战略,首推韩国泡菜,之后会陆续将拌饭、烤肉、海鲜饼等推向世界。为了实现这个目标,韩国政府构建了包括财政、税收在内的一揽子支持政策。

2001年7月,在瑞士进行的第24届国际食品法典委员会上审议并通过了韩国泡菜国际标准,认定韩国是泡菜的宗主国,韩国泡菜之后为国际规格食品,“Kimchi”为国际通用名。从那时起,韩国泡菜正式登上国际舞台,其生产方式也逐渐由小作坊式变得规模化、现代化。

2013年12月,韩国“腌制越冬泡菜文化”被列入联合国人类非物质文化遗产名录。从此以后,原本起源于中国的泡菜,不但成为韩国的,而且连名称、标准、习俗都是韩国的了。中国泡菜特别是四川泡菜,被迫面临一个尴尬的局面。

此外,韩国政府积极计划将海外韩餐厅从一万家增加到四万家,并计划和世界知名烹饪学校合作,在海外开设韩国料理课程,还成立了专门负责此事的“韩食财团”,推行海外韩餐厅认证制度,扩大韩餐产业研发、培养韩餐专业人才,促进韩餐产业投资等。

在影视方面,韩国先后推出了火爆全世界的《大长今》,在世界范围掀起了韩国美食热潮，吸引了全世界的眼球。在舆论宣传方面，韩国也是大手笔频出。韩国曾在《纽约时报》上刊登了一整版的韩国拌饭广告。之后，在韩国影片《食客2：泡菜战争》上映前，专门在日本著名报纸媒体《产经新闻》上刊登了泡菜广告，并解释这样做的目的是“告诉人们韩国才是泡菜的鼻祖”。

2014年11月，韩国在首尔举办了一个活动，主题为“韩餐：向世界三大名厨咨询饮食发展之路”。三位世界顶尖厨师应邀在会上发表了见解，时任韩国总统朴槿惠还邀请这三位名厨以及两位韩国国内名厨在青瓦台共进午餐，其间就“韩餐全球化”相关问题进行了对话[8]，将韩国和世界饮食界的关系一下子拉近了许多，是一场精彩的公关活动。

目前，韩国通过不懈努力，已经在海外7个国家的12个城市设立并运营海外韩式餐厅协议体，将古文献烹饪资料和韩食相关书籍数据库化，开发了与韩餐相关的内容，努力在国外普及韩餐。通过这些举措，韩餐在全球市场上拥有了坚实的“基础”。另外，为了加强韩式餐厅的竞争力，韩国举办了多项国际活动和庆典，为宣传韩餐创造了丰富多彩的机会。韩餐正在努力改变世界对于韩餐是“便宜又丰盛的食物”的刻板印象，赋予更多可以体现韩国独特文化价值的内涵。韩国人的努力初见成效，韩国泡菜已经进入美国各大州食品超市，韩餐在加州等地发展得相当好。

中餐的全球推广可以借鉴韩餐的发展模式。我们的中餐有着更为多样的菜式，更为悠久的饮食文化，更多的包容性。我们要切实组织好各方力量，形成拳头集中对外宣传，积极参与标准制定，在世界食品界发出强有力的“中国声音”，使中餐走向更为广阔的国际舞台。

三、身边越来越多的韩国食品

韩国在积极输出韩国文化的同时，也在积极将各种韩国商品卖到世界各地，努力让人们可以在自己国家的线下或线上商店能够找到韩国电视剧、电影、综艺节目中出现的各种商品。首先登陆各个国家的超市的便是琳琅满目的韩国食品。

韩国最大的食品集团希杰（CJ）集团早在1995年便开始进入中国市场，

生产的各种调味料已经是家庭常用调料，在北京、青岛等地均有工厂。该集团旗下的欧式面包房多乐之日(Tous Les Jours)主要售卖蛋糕、曲奇、咖啡等，在多国一二线城市的商超、市中心都有分店，仅在中国就有80余家分店。该集团下的品必阁品牌在连锁超市销售的冷冻水饺、炒年糕、泡菜、海苔也非常有人气。最近利用某网络平台，必品阁水饺甚至成为网红食品。该集团不仅自己独立设厂，还积极和当地资源进行合作，比如在北京与占据北京豆制品市场6成以上的白玉食品厂合资。

辛拉面是韩国代表性方便食品，在世界范围内都非常有名，由韩国食品巨头农心集团出品。该集团生产了几十种方便面，也生产饮用水、膨化食品等。韩国的方便面品种有上百种之多，辛拉面长时间霸榜第一，名列前茅的如安城汤面、炸酱拉面也是该集团产品。

好丽友集团是韩国三大制果企业之一，于20世纪90年代初期进入中国市场，并决心扎根中国，其依靠中国市场已经成为亚洲甚至世界范围内的一流食品公司之一。其产品线主要包括三大系列：第一大系列为派类产品，第二大系列为蛋糕类产品，第三大系列为口香糖产品。该公司的企业口号为"World Class，Chinese Company"，其深耕中国市场的决心显而易见，是在中国本地化发展最好的韩国企业之一。

四、饮食文化输出

(一)便利店文化

世界上最早的便利店于1927年在美国德克萨斯州的达拉斯市出现，是一种经营食品、日用杂货的小型商店。在20世纪50年代后期至60年代，引入了连锁经营后，便利店就开始了第一轮大扩张。最著名的便是7-Eleven(寓意为"能够满足城市人从早晨7点到晚上11点的购物需求")。1974年，7-Eleven进入日本后，发展迅速，并于2005年成为日本公司。目前日本便利店前三名是7-Eleven、全家(Family Mart)和罗森(Lawson)。受日本影响，韩国早在20世纪60年代便出现了便利店，目前除7-Eleven外，其他大型便利店已经都归韩国公司经营。其中BGF零售集团和全家协议后，接受了全家所有的商铺，成立了CU便利店。CU目前在韩国拥有最多的便利店，其后分别是7-Eleven和GS25。韩国统计厅发布的数据显示，韩国便利店数量呈迅猛增长趋势。2020年底，韩国国内排名前五的品牌便利店的总数量已接近5万家[9]。

便利店已经成为韩国人不可或缺的综合服务平台，它不仅销售日常用品，初期还能代缴水电费、电话费，提供暂存快递、干洗衣物等服务。之后，韩国便利店添加了咖啡机和桌椅，设置了简单的就餐区，并且开通了网络订单服务。为了满足人们对于配送时效的要求，各大便利店相继做出"30分钟送达"的配送服务承诺。便利店的爆发式增长与韩国现代社会结构的变化密切相关。随着工作节奏的加快，城市人口的结婚率和生育率的降低，韩国单个家庭的平均成员数越来越低，以前不常见的一人户和两人户现在已经变得常见了。2019年，一人家庭在韩国的占比已经高达39.2%，家庭规模的缩小和人口老龄化的趋势，导致消费者去大型超市购物的欲望降低。相反，住所附近的便利店更加符合消费者少量、多次购买的习惯。韩剧是生活的升华，所以便利店自然就成为一个出镜率很高的场所。原本在中国，便利店并没有发展起来，后来随着韩剧的传播，便利店快速发展了起来。虽然在中国大城市中的便利店品牌还是以日资罗森、全家、7-Eleven为主，但不可否认的是，是韩剧为便利店业态提供了一个发展契机。当今社会，便利店在一个城市的数量与分布，某种程度上代表了该城市的舒适度。便利店文化的输出为韩国众多的方便食品进驻便利店打开了销路。

（二）外卖文化

韩国饮食文化中不可不提的一点就是外卖文化非常发达，各种食物皆可外卖，韩国人甚至自诩为"外卖的民族"。事实上，原来在韩国饮食文化中并没有送餐的概念，前面章节中也提到过，甚至以前的饭店仅仅是帮助投宿的客人代为加工食材，饭店本身没有菜式提供服务，所以在古时是很难想象送餐这件事情的。外卖文化进入韩国，据推测应是在日据时期后期中国饮食进入韩国，以及到朝鲜战争结束后美军饮食进入韩国这一时期。

韩国的传统面食很难外卖，而中式炸酱面虽然比较厚，也比较油腻，但当时人们本身油水就少，而且中式炸酱面在一定范围内可以外卖，这就填补了当时的需求空白。在当时的环境下，炸酱面外卖便在韩国全境迅速扩展开来。外卖这种新型饮食文化的引入，非常契合当时忙碌的产业化时代背景，追求快速、便捷的就餐解决服务概念便逐渐在韩国生根发芽。直到现在，外卖产业在韩国餐饮行业的产值依旧十分可观。据报道，韩国现在是世界第三大餐饮外卖市场，仅次于中国和美国[10]。

韩国现代的外卖产业非常发达，一个电话，快则十分钟，慢则五十分钟，顾客就可以吃到所点的食物。各个社区会定时给各家各户发放订餐广告小册子，非常方便。近期，随着App的流行，可送餐的范围扩大了许多，人们有了更多的选择，外卖已经成为韩国人的日常。韩国人的外食文化非常发达，繁华的商业区最多的便是各式各样的餐馆，外卖是各家餐馆中非常重要的业务。在韩国，有一家不起眼的中国餐馆，到饭口的时候，店内的座位虽没坐满，但是只见送餐员一刻不停地进进出出，餐馆老板说，外卖业务可以达到其营业额的六成以上。在节假日，外卖业务可以进行私人订制，甚至自助餐也可以按时送到指定地点；忙碌的韩国人经常吃的沙拉、三明治、饭团、粥等早餐也会一早就送到家门口。随着各类外卖文化渗透到韩国人的日常生活中，许多衍生产品也陆续被推出。得益于App的广泛应用，现在订餐人再也不用搜集各餐馆的宣传单和电话号码了，只要有一部智能手机，就可以点所在地区附近餐馆的外卖。饮食保养服务也很盛行，申请者预约每月一次或两次的服务后，商家会选择多种样式的佐餐进行送货，也有选择多种咖啡送货的“curation box”服务。随着人们工作节奏的持续加快，外卖产业仍有非常大的发展空间。目前韩国的外卖行业是“两强争霸”，一家名为“배달의 민족(外卖的民族)”，另一家名为“여기요(这里啊)”。

(三)健康文化

韩国饮食以高蛋白、多蔬菜、喜清淡、忌油腻为特点，比较符合现代健康食品的标准。韩餐在配色上以青、黄、红、白、黑五色为主，并以酸、甜、苦、辣、咸五味为调味基础，采用山川产的蔬菜以及海滨产的海鲜，以五谷为主食，利用色调使食客愉悦，辅以鲜辣引发食欲，再配以特色酱料提升味道。

韩食烹饪以炖、蒸、煮、焯等几乎不用油的方式为主,特别是肉类,在经过长时间炖煮后可以去除多余的脂肪,制成低卡低脂的健康美食。这和减肥方法中的低脂、低油、低盐的概念不谋而合,所以韩餐很受减肥人士的喜爱。

第三章

五味之外

韩国的发酵食品源远流长，品种齐全，其特有的鲜味超越了咸、甜、酸、苦、辣这五种基本味道，可以被称为“五味之外的第六味”。有相关研究认为，韩国人因为长期食用发酵食品，对于发酵味道的捕捉更为敏感，也更追求这种味道。

第一节 发酵文化

“时间是食物的挚友,时间也是食物的死敌”[11],食物并不是一年四季均匀提供给人们取用的,一般需要经过播种、培育直到收获,自古使然。秋天固然会收获大量食物,但如果不能妥善存储,到了寸草不生的冬季就会挨饿。在这个周而复始的和时间的竞争与和谐共处的过程中,人们学会了利用发酵来保存食物,也获得了与鲜食截然不同,有时甚至更为醇厚鲜美的味道。时至今日,这些被时间二次制造出来的食物,依然影响着人们的日常饮食,并且蕴含着人们对滋味和世道人心的某种特殊的感触。

发酵文化源远流长,发酵食物早就带着诱人的味道在民间广为流传,深深根植于繁荣的农耕文明基础之上。人们在收获后,为了长久保存食物,就将食物贮藏在容器内,这时微生物悄悄潜入,并主导发酵过程,独特的发酵食物就这样形成了,给人们提供了可长时间取用的食物,保障了人们在一年四季都有足够的食物供给。

发酵现象虽然早就为人所熟知,但具体到彻底弄清其科学本质的历史并不久。“发酵”一词在英语中为fermentation,该英文单词原意为“翻腾”,非常形象地描述了酵母作用于食物而引起的发酵过程,即糖在缺氧条件下降解产生的二氧化碳所引起的现象。发酵是指酵母的无氧呼吸过程,是有机物在微生物的作用下分解变化产生某种物质的现象。

西方营养学家曾提出,发酵食品是饮食的最高境界。很多时候,香和臭只是量的关系,其实只有一线之隔。发酵的臭味在被稀释很多倍之后,蛋白质释放出的大量氨基酸产生的香味就可以被人们的味蕾轻易捕获,这也是人们自古便对发酵食物热衷的缘由。

中日韩三国各自拥有不同特点的发酵文化。中国人有着自己对于发酵的理解,从王致和臭豆腐,东北酸菜到安徽臭鳜鱼,乃至最近火遍全国的广西螺蛳粉,全国各地都有着自己对于发酵文化的演绎;日本人沉醉于味噌与纳豆的美味;韩国人痴迷于大酱和泡菜的味道。

不同于中国饮食文化中各种味道互相较力、各领风骚的特点,韩国饮食文化中对于发酵的热爱已经到了极致,发酵也就成为韩国饮食文化最为突出的特点之一。

发酵食品是将蔬菜、鱼、贝类等用盐腌制后发酵熟成的食品。在蔬菜中放入食盐后,食盐的渗透作用可使蔬菜中的水分快速流失,从而可以抑制微生物的生长,并生成对人体有益的氨基酸和乳酸等成分。朝鲜半岛四季分明,冬天没有新鲜蔬菜可食用,旧时也没有冰箱,蔬菜等食物的存放很不方便。虽然菜窖等设施在一定程度上可以进行蔬菜的存储,延缓蔬菜的腐败,但并不能实现人们整个冬天都可以吃到蔬菜的愿望。发酵工艺的出现,很好地解决了这个问题,一年四季都可以吃到各种发酵食品,很好地保证了旧时人们所需蛋白质的来源,保证了当时人们的生活水平。存储发酵食品是指将生产的发酵食品不经过加工,维持其可食用的状态或者经过加工烹调后保存,能够长时间维持食用状态。

整体来讲,朝鲜半岛的发酵食品主要包括酱类、泡菜类、鱼虾酱类、食醋类、酒类等。在韩国,遵照传统,根据季节节气来储备食物是一项非常重要的活动。数千年前,在朝鲜半岛生活的人们就学会了利用自然环境,存储发酵食品来度过一年四季:春天时,酿造酱油和辣椒酱等酱类;夏天时,腌制虾酱、黄花鱼酱等海鲜酱;秋天收获蔬菜后要做越冬泡菜。他们就这样将发酵食品长时间在地下利用冷冻、浸泡等方法来储存,然后按需取出食用。

近年来,韩式发酵食品再一次以慢食、轻食、特色健康食品等形式受到希望通过饮食来维持健康的现代人的关注,并且随着韩流席卷全球,其在世界范围越来越有名气。

第二节 酱类之美

我国的《三国志》及《魏志》等古代文献多次提到朝鲜半岛住民“擅酱酿”(擅长制作发酵食品),后来甚至有将大酱味直接称为“高丽臭”的记载。《增补山林经济》也认为不论在何种菜肴,酱都可继续保有其独特口味,理应被称为“第一美食”。

酱是农耕文化的副产物,在中国古代出现得非常早,而且地位很高,最早的记载可追溯到商周时期,《周礼·天官·膳夫》中有“凡王之馈……酱用百有二十瓮”,并且有人对此进行过注解“酱,谓醯醢也”。醯、醢指的都是肉酱。《论语》中也有“不得其酱,不食”的说法,可见酱的地位之高。西汉官员史游的《急就篇》中有“芜夷盐豉醯酱浆”的说法,已经把酱和其他调味品并列。《清异录》中有“酱,八珍主人也”的说法,意为“酱是天下美食的主人,无酱则无味”。

古时吃的酱和今天我们常吃的酱还是有很大区别的。《说文解字》中将酱解释为“醢也,从肉酉,酒以和酱也”,可见当时的酱,不仅有肉,还会用酒调和。清代文字学家段玉裁在《说文解字注》中也提到了“凡醢皆肉也”。在古代,酱是一种比较奢侈的调味品,不是一般寻常百姓能够享用的,吃得起酱的多是统治阶级和富贵人家。直到西汉,出现了以大豆为原料制作的酱。1972年,在湖南长沙马王堆一号汉墓中出土的陶罐所盛之物就是大豆制品,出土的简文“酱”字,指的就是豆酱。东汉王允在《论衡·四讳篇》中也有“世讳作豆酱恶闻雷”(意为“打雷的天气不能做酱”)的描述,这是史书中有关豆酱最早的记载。东汉《风俗通义》中还指出“酱成于盐而咸于盐,夫物之变,有时而重”。

朝鲜半岛的农耕文明起源较早,但对于酱究竟是什么时候出现的没有准确的记载。不过考虑到酱的原料大豆很久以前就在中国的东北地区广为种植,朝鲜半岛和中国东北地区毗邻,地面上也有许多野生大豆分布,所以可以推测在中国制酱文化的影响下，朝鲜半岛的住民应该早就掌握了制酱的技术。

发酵本身不需要人的干预，是由自然产生的微生物的变化导致的。但是，为了保证正确的味道，发酵过程中还需要保持相关的温度、湿度、盐度等要素适宜，但对这个适宜度的把握是非常困难的。朝鲜半岛的人们根据从中国传入的制酱工艺，经历了一次次失败，总结经验，创新发展出了发达的发酵食品文化。

酱是韩国人一日三餐的必备，一辈子都离不开的看家饮食。酱味是韩国人一辈子也戒不掉的故乡之味，是身在世界各地的韩国人重要的味觉纽带。

朝鲜半岛的人们自古便腌制各种酱来调味，酱油和大酱是韩国家庭最平常的储备，家中有时会没有米，但绝对不能没有酱。或者说，家里没有什么都行，但如果连酱都没有，那就真的是出大事了，不像过日子的样子了。

在韩国，酱的种类尤其繁多，有大酱、辣椒酱、酱油、豆瓣酱等几十种。韩国人还将大酱、酱油和辣椒酱称为韩国食谱中重要的“三兄弟”（见图3.1）。在这“三兄弟”中，大酱最重要，也最特别、最有营养，是绝对的“大哥”。在韩国，做酱从来都是一年中最重要的一件大事，酱甚至是家运乃至国运的晴雨表，有“酱味变，凶兆也”的说法。每年到了制作大酱的季节，韩国人都要选择良辰吉日才会动手做酱，做酱前要多次清洗酱缸、为酱缸台做祭礼等。在古时，朝鲜半岛宫廷中甚至设有称为“酱库妈妈”等专职管理酱缸的尚宫职位，而且还会在酱缸口挂上里面塞满红辣椒的用绳子编制成袜状的挂饰，并以金线封上缸口，以祈求获得更美味的酱。

图3.1 酱类“三兄弟”：酱油（上）、大酱（中）和辣椒酱（下）

一、大酱

因大豆富含蛋白质等多种营养成分，由其制成的大酱非常有营养，而且风味独特。大酱可以吸附腥味等各种异味，所以烹调海鲜或肉类时经常会使用大酱来除腥，不像中餐会普遍用葱、姜、蒜来除腥，很多韩餐只放大酱，大葱也是在出锅前提味时才放入。同时，大酱具有抑制脂肪类氧化的抗酸作用，可以预防高血压。大豆中的卵磷脂既能提升脑力，也能降低人体胆固醇，抑制过氧化物的形成，从而减缓人体老化等。

韩国人认为大酱不仅味道鲜美，而且具有“五德”。何谓“五德”？其一为“丹心”，大酱和其他食物混合后绝不会失去自己的味道；其二为“恒心”，大酱经过岁月流逝其心不变，其味反而因岁月的刻画而更加深沉厚重；其三为“佛心”，大酱可以融化并消除体内各种诱发疾病的、对人体有害的脂肪；其四为“善心”，大酱可以中和辣味或其他特别的味道，使食物最终变得柔和、易于接受；其五为“和心”，大酱非常容易和其他食物相互搭配，体现了其顺应自然的特性。大酱的这五种美德，也是韩国人所推崇的五种美德。韩国人常说，一个人想和大酱一样同时具备“五德”是一件非常困难的事情。韩国的发展也是体现韩国努力追求实现“五德”价值的过程，即在世界发展的潮流中，要勇于融入发展潮流，无论顺境还是逆境都要符合趋势，但也要保持自身特性。大酱所特有的美味和清香，所蕴含的“五德”，不但丰富了韩国人的餐桌，也发展出了具有特色的韩国饮食文化。

朝鲜民族一般于十月做大酱。这时天气逐渐转凉，空气干燥，有利于酱曲饼的发酵。大酱的主要原料是黄豆。做大酱时，一般先将黄豆煮熟，在石臼里捣成泥状，再用模具做成重量为1.5千克到2.5千克，长约20cm，宽约15cm，砖头大小的酱曲饼，然后放置在阴凉通风处进行风干，风干三五天后的酱曲饼有了一定的硬度，就用草绳一个一个捆起来，挂在屋檐下阴凉通风处晾晒40天左右。之后取下酱曲饼，将酱曲饼和稻草按照一层酱曲饼、一层稻草码放在温度湿度适宜之处，促进其自然发酵。

旧时，“两班”贵族以及宗家等大户人家一般都有专门存放酱曲饼的仓库，一般人家只能将酱曲饼挂在温暖的室内，但是酱曲饼发酵的时候，味道非常刺激，这是由于蛋白质发酵会产生浓烈的臭味。酱曲饼发酵的时间非常漫长，如果温度过高、湿度过大就很容易腐败变质，即便是工艺先进的今天，酱曲饼发酵过程中仍不可避免会发生霉变。

发酵结束后，将酱曲饼及干辣椒、大枣等连同调好的盐水一起放入大酱缸中，最后用纱布密封起来，放在院子里，阳光的照射会促进其发酵。待45天后，捞出酱曲饼，放入大盆中用手如同和面一般反复揉拌，其间边揉边倒入适量盐水，待酱曲饼被揉至细腻均匀后，放入小罐子中，并在酱表面再撒一层细盐，然后把小罐子密封好，放在恒温处一个月后即可食用。韩国人一般认为最少放置半年的大酱的味道才过得去。韩国人通常认为一年到三年酱龄的大酱是最好吃的，不能放置过久，不然盐味就会超过鲜味，吃起来盐味就会过于霸道，反而不好吃了。可见，大酱的制作虽然并不复杂，但是一个非常费时费工的过程，需要很长的时间，需要耐心等待微生物慢慢地发酵，从而创造出全新的美味。这份等待与陪伴的心意是最能打动人的胃的，所以心急是吃不上好大酱的。

过去，大酱一般都由女子全程制造，韩国女子也以做大酱为荣。各家各户所做的大酱味道也不尽相同，这个各家不同的大酱味道正是韩国人骨子里思念的“妈妈的味道”的来源，是韩国人寄托思乡之情的标志性食物载体之一。

制作大酱是一件十分烦琐和辛苦的工作，负责制作大酱的主妇们一年中几乎有一半时间花在制作酱类食物上。至今，在韩国农户人家的庭院中，随处可见成片晾晒的酱曲饼以及一排排的酱缸。如果是大户人家，这样的酱缸可能会有上百个。这些酱缸平时在天气晴好时还需要打开进行日晒，以使酱缸中产生的湿气等可以及时排出，防止霉变。雨天时要及时把盖子盖上，否则雨水落入酱缸，会破坏大酱的品质。朝鲜王朝各时期，大酱都是他们的国食。《大长今》中有一幕就讲到，有一年大酱的味道变了，整个王宫都乱了套，这是因为他们认为大酱的味道可以反映国家命运，于是剧中就出现了大家纷纷为大酱祈福的场面。

在古代，做大酱被人们认为是一件非常神圣的事情，所以负责做大酱的女人们在做酱三天前就要回避一切有伤大雅的事情，并且要在做大酱的当天沐浴斋戒。甚至有人更夸张地要求女人在做大酱的时候，要将嘴用宣纸蒙上，相当于口罩的作用，以防阴气扩散坏了酱的品质。以前，“两班”贵族在迎娶长媳时，首要条件就是要掌握做酱的手艺。当时，做酱需要学习做36种酱的秘诀，是一项高技术工作。此外，不起眼的大酱半成品，也就是酱曲饼，不仅是王迎娶王妃时的重要贺礼，在历史上也曾被作为救助灾民的物资。

在朝鲜半岛历史上，如有大战或大灾发生，王就不得不到其他地方避难。在王动身去避难地之前，会先派遣一位官员过去，这位官员的官名是“合酱使”，专门负责在王即将要逗留的地方准备好大酱，可见当时对于大酱的重视和依赖。宣祖年间，“壬辰倭乱”爆发，倭寇侵略朝鲜半岛，当时王准备派一名申姓官员出任“合酱使”，但大臣们强烈反对，原因是他们认为如果派申姓官员前去，所有沿途的大酱都会变酸（在韩语中“申”和“酸”发音相同）。在今天看来，这件事情多少有些滑稽，但能反映出当时朝堂官员已经不能再承受任何有可能带来坏消息的因素，也充分体现出大酱在韩国饮食文化中的地位。

大酱其实和中国的黄豆酱并没有什么本质区别，同样类型的酱在日本被叫作味噌，简单来讲都是黄豆经过煮熟、磨碎、制曲、发酵而成的，当然各地各道工序所用时间的不同最终导致酱所呈现的味道会有所不同。

在韩国有一种说法，认为韩国人长寿的秘诀就是吃大酱。韩国有个非常有名的长寿村，位于全罗南道的淳昌郡，那里是大酱的生产基地，所生产的大酱占韩国市场的1/3，同时这里也是长寿老人的聚集地。据了解，淳昌郡的大酱早在距今600年的朝鲜王朝建立之初就已经成为当时宫廷贡品中的上品。其生产的大酱色泽饱满、工艺精良、驰名全国。韩国科学研究人员研究后表示，淳昌郡老人长寿的秘诀之一就是常吃大酱。[12]相关研究成果显示，大酱中富含促进细胞新陈代谢的维生素B12，淳昌郡人长寿就与此息息相关。[13]韩国圆光大学保健大学院院长金钟仁教授在对韩国254个地区的

996名百岁以上老人进行调查后，得出的结论是：韩国百岁以上的人口中多数生活在没有环境污染的黄豆种植地区，这反映出，长寿和黄豆饮食有着不可分割的密切联系。金钟仁教授的分析结果还显示，韩国百岁老人分布最多的10个地区中，有5个位于种植黄豆的全罗南道，该道农村地区每10万人口中百岁以上的人口比例是韩国全国均值的10倍以上。[14]

淳昌郡人长寿的秘密被揭开后，这里生产的大酱、辣椒酱便成了韩国国内“长寿食品”中最具人气的食品，经久不衰。韩国政府为了鼓励当地产业发展，于1994年在淳昌郡白山里投资兴建了一座大酱村。这里生产的酱类以当地精选大豆为原料，同时加入糯米、大麦、小米等辅料，无任何添加剂，是一种纯天然绿色食品。

在古代的朝鲜半岛，烹饪菜肴主要是用酱来调节咸淡的。除大酱外，还有清酱、辣椒酱、清曲酱、虾酱以及酱油等。烤肉、烤鱼时要抹上调制好的辣酱或者大酱，做各种菜肴和汤时也少不了酱的参与，韩国人笃信“食物味道全靠酱味”。可以这么说，没有酱，韩餐是做不了的。像韩国人这样对酱味如此迷恋的国家，世界范围内也是不多见的。比如日本人虽然也喜爱味噌，但与韩国人对酱味的执着和痴迷还是没法比的。

韩国的汤文化很发达，佐餐主菜一般为汤类，有泡菜汤、大酱汤、牛肉汤、排骨汤、海带汤、参鸡汤等。这些汤品的核心是“酱汤文化”，并不是海带汤文化或参鸡汤文化等，这是因为其灵魂的汤头往往还是以烹调时加入的那一勺大酱为基础，所以无论怎么做，韩国人只要吃到熟悉的味道，就会食指大动，连称美味。酱汤与韩国单一主食米饭搭配，可以达到营养均衡。韩国的肉价相对较高，所以老百姓平时的食物以蔬菜为主，但除少量的新鲜蔬菜之外，更多的是泡菜、酱菜。并且由于气温气候的缘故，人们的口味上有一个规律，越是往南，口味越重，对调料和酱味越依赖。全罗南道的人一向在吃上看不起岭南庆尚道的人，认为他们吃得那么咸，吃的食物根本就不是美食，只有全罗南道口味适中、品种繁多的食物才是真正的美食。当然这个看法也与湖南地区与岭南地区在政治、经济等方面的“世仇”有关，但从中也能发现，全罗南道虽然和岭南都处于韩国南部，但是岭南的口味要更重些。

首尔地区有名的酱汤饭拥有非常悠久的历史，相传朝鲜王朝时代宪宗(1834—1849)也曾在王宫外的集市上吃过酱汤饭。酱汤饭是把牛肉和萝卜熬熟后取出，切成片并加作料，再把饭和加过作料的肉与萝卜、蕨菜、桔梗、黄豆芽一起放入碗中，倒入汤头一起吃的一种饭。汤头可以是牛肉汤，也可以是鸡汤。

大酱汤可以说是韩国菜在世界范围最有名的菜品之一，对于韩国人来说，只要有一份热腾腾的大酱汤和一份泡菜，再来一碗米饭，就十分心满意足了。大酱汤的做法其实非常简单。将大酱少许加水和开，盛入砂锅或石锅内，水开后，加入豆腐、大葱、少量蘑菇、洋葱，再放点蛤蜊、虾仁提鲜，中火炖10分钟，一道美味可口的传统大酱汤就可以上桌了。大酱汤的特点是清淡、无油，味道中包含浓郁的大豆香，同时富含多种氨基酸，对健康大有裨益。

二、酱油

对于朝鲜半岛上到底何时开始做酱油，史书中并没有明确的记载。记载中酱油第一次出现是在高丽人金富轼所著的《三国史记》中。在高丽王朝时期的史书中，迎娶王妃的婚礼用品单上也有酱油和大酱的记录。在旧时的朝鲜半岛，家家户户都会自己做酱油，所以酱油也被称为“家酱”。利用大豆经过发酵后酿制而成的酱油，因富含游离糖、氨基酸和有机酸等，有着独特的口味和浓浓的香味，非常鲜美。

确切地讲，酱油和大酱是伴生物。制作大酱的过程中，酱曲饼的发酵是在盐水环境中进行的，随着发酵过程的推进，酱曲饼和盐水会慢慢融合，盐水的颜色逐渐变深，酱油也就慢慢制成了。

虽然一般意义上十月是开始做大酱的时节，但是从这个月开始煮黄豆，然后制酱曲饼，再晾晒和初步发酵就需要两个多月，这样的话，准备工作做好后，时间也就来到了正月。所以真正把发酵好的酱曲饼放入酱缸，加入盐水的时节是在正月，韩国人将这种在正月里酿的酱称为正月酱。在韩国有这样一种说法，正月十五腌制的正月酱才是大酱中的王者。虽然现在在韩

国超市里随时可以买到成品大酱，但是好多主妇尤其祖上是大户人家的家庭，还会按照传统工艺亲手制作大酱。

在正月里做酱好吃的原因可能和温度有关，温度低的话，发酵过程缓慢，制作出的酱盐度更低、风味更好。正月酱从加入酱曲饼和盐水开始，需要熟成发酵60天左右，酱油才能酿好；如果是二月酱的话，需要50天左右；三月酱的话，需要40天左右。正月酱、二月酱、三月酱熟成发酵的时间虽然越来越短，但盐度会依次提高，风味自然依次减弱，这也是正月酱最好吃的原因。这些做酱的窍门被主妇们口口相传，早已经在整个朝鲜半岛广为流传，成为类似于农谚的存在，是韩国劳动人民智慧的结晶。另外，要在冬天把酱曲饼放入缸中使其在盐水中进行发酵，以便赶在天气热起来之前，将大酱和酱油分离开来，避免发生腐败而破坏酱油和大酱的品质。

在酱曲饼放入酱缸开始做大酱时，要想提高将来所产酱油的品质，不能只放入盐水，一般还会在其中加入干明太鱼、大枣、干辣椒和木炭等。虽然韩国各地做酱油和大酱的标准和程序有所不同，但还是有一个大致的配方，比较传统的是一个标准酱缸里，放入2斗（15千克左右）酱曲饼，配12千克千日盐，加入60升水，一条大一点的干明太鱼（装入一个纱布袋中），10个干辣椒以及20个大枣。

做酱油时，各种材料的选用也是一个学问。韩国人一般会选用韩国全罗南道、全罗北道产的黄豆，这两个地方也是韩国大酱名品的主要产地。盐一般选用千日盐。所谓千日盐，就是将海水引入盐田，通过风和阳光的作用将水分蒸发后所得。韩国的全罗南道也是千日盐的产地。盐在韩语里直译就是“소금（小金）”，顾名思义，其在古代是等同于黄金的存在。在旧时，盐不仅仅是一种咸味调料，更是一种国家控制和专卖的统筹物资，是国家税收的重要来源之一。千日盐不仅口味好，而且富含矿物质，是韩国主妇做大酱和泡菜必不可少的原料之一。干明太鱼的作用主要是增加鱼类蛋白质，从而生成更多种类的氨基酸。相传最早的酱油是中国古代皇帝御用的调味品，由鲜肉酿制而成，与现在的鱼露的制造过程相近。酱油风味绝佳，渐渐流传到了民间，但由于造价昂贵，所以一直只是富裕阶层的专享。后来有人

发现由大豆可以制成风味相似且十分便宜的酱油,才在民间广为流传,后世酿造酱油的相关工艺辗转传入朝鲜半岛。至今韩国主妇在做酱油时还会放入干明太鱼来调节酱油的口味。大枣和辣椒均是为了调节口味而用,并且辣椒有一定的杀菌作用。木炭一般在酿酱流程的最后一步被点燃,放入缸内的盐水中,据说可以起到杀菌的作用。

酿制酱油前,要做一些必要的准备工作。首先,要对酱曲饼进行清洗。之前,酱曲饼经历了两个多月的晾晒以及发酵,在被使用时已经非常干燥了。发酵比较好的酱曲饼的表面会有白色的菌丝附着,但因为通常在室外进行晾晒,所以它的外表难免会有稻草以及灰尘杂质之类,空气湿度太大的话,也许还会有霉变的地方,这就需要在使用酱曲饼前对其表面用刷子蘸清水进行清洗,切忌将酱曲饼泡入水中,否则不洁净的水会渗入酱曲饼内部,破坏酱曲饼的品质。以前,酱曲饼是纯手工制作的,黄豆都是人工捣碎,所以碎黄豆的颗粒大小不一,酱曲饼中间会自然产生空隙,由于通风良好,发酵会更充分。现在制作酱曲饼都是使用机械将黄豆打碎,豆子颗粒非常小,做好的酱曲饼中间并不会产生空隙,这样在发酵过程中,中间部分有可能会腐败,所以在做酱和酱油前,一定要严格仔细检查酱曲饼的状态,去掉发霉的部分。

至今韩国在做大酱以及酱油等传统食品时,仍沿用旧时的计量方式,常用的单位是斗、升、合[①]。现在1斗酱曲饼大约重7.5千克,为3个2.5千克或5个1.5千克的酱曲饼,具体要看制作酱曲饼时用的模具的大小。韩国常用的酱曲饼模具是1.5千克模具和2.5千克模具。现在,1斗酱曲饼的价格在12万韩元左右,即人民币700元左右。酱曲饼表面清洗完成后,要继续放到竹篮中将其表面附着水分控干。接着要调制盐水。一般来说,如果有盐度计的话,那么做正月酱,盐度要控制在15%,二月酱为16%,三月酱为17%。可见正月酱需要的盐是最少的,原因是温度越低,发酵越慢越充分,产生的氨基酸等成分越多,所带来的鲜度在口感上代替了咸度。二月酱和三月酱因为

① 斗、升、合为古代朝鲜半岛用于大米等的计量单位。10合为1升,10升为1斗。

相应缩短了发酵期，所以需要更多的盐来提味，最终大酱以及酱油呈现的味道中盐味会比较冲，也就不如正月酱来得鲜美了。古代朝鲜半岛的劳动人民当然不可能有盐度计这种现代才有的测量盐度的仪器，但他们也有自己的经验之法，做正月酱时，把一个鸡蛋洗干净放入盐水中，如果鸡蛋露出的面积差不多有一个500韩元硬币大小的话，那么就表示盐度差不多了。当然如果是二月酱、三月酱的话，鸡蛋露出的面积就需要依次再多一些。（见图3.2）将鸡蛋在不同浓度盐水中的浮力转换为鸡蛋透出水面的面积的方法充分体现了当时劳动人民的智慧。

图3.2 土法制酱盐度控制测量法

接下来，将一条大一些的干明太鱼放入一个纱布袋子里，放在酱缸最下面，再把控干水分的酱曲饼整齐码放入酱缸，接着在缸口架上一个漏勺，然后在漏勺内铺上纱布，再用大勺子分次往漏勺中加入调制好的、千日盐已充分溶解的盐水，保证酱曲饼整体都在盐水面以下。铺纱布的作用在于过滤掉千日盐中的杂质。

接着放入已经充分点燃的木炭，虽然这是一个看似奇怪的步骤，但在从古至今流传的制作大酱和酱油的工艺中是必不可少的。然后放入干辣椒，整理干辣椒时千万不要把辣椒蒂全部去掉，否则，辣椒放入酱缸时，辣椒籽会顺着蒂把儿的缺口飘出来，酱缸里会看着很乱。最后放入大枣。之后等待50天到60天，酱油就会初步酿好。要及时把处于混合状态的大酱（剩余的酱曲饼）和酱油（浸泡酱曲饼的盐水）分离。旧时，酱缸是需要被悉心照顾的。白天阳光好时，要把酱缸打开，让阳光照射促进发酵，同时起到通风的作用；晚上湿气大，要把酱缸盖（见图3.3）盖上，防止水分进入酱缸。如果只有几个酱缸的话，工作量可能还不大；如果是大户人家，一般都有上百个酱缸，那么即使是每天白天打开缸盖、晚上盖上缸盖这样简单的工作，也会非常辛苦。现在的人发明了玻璃盖子（见图3.4）来摆脱这种烦琐的开合缸盖的劳动，盖子下垂的部分有通气孔，这样的设计既可避免灰尘等杂质进入缸内，又可以透光，加快发酵进程。酱曲饼在缸内吸收盐水发酵的过程中，其体积会逐渐膨胀，因此要注意加入盐水的水位不能太高，否则会导致盐水溢出酱缸。有人会在盐水面加一层竹篾网将酱曲饼固定住，以防止酱曲饼露出水面发生霉变。

图3.3 旧式陶制酱缸盖子　　**图3.4 新式玻璃酱缸盖子**

在韩国，传统的酱厂一般在远离城市的农村，除地价便宜、场所宽敞之外，更重要的原因是追求当地的自然条件。豆子好、酱曲饼好、盐好、水好才能做出最好的酱油和大酱。这是符合儒家“天人合一”思想的，讲究自然因素在传统食品制作当中的关键作用，认为相关工艺和技艺只是在更好地体现和放大自然因素的作用。只有使用自然界中的好原料才能制造出好的食物，这是一种纯朴的思想，是对大自然的尊重，是古代人民对食物质量不断追求的结果，一点马虎不得。

水质是酱类制造中非常关键的因素，韩国农村尤其山区有着非常好的水源的地区往往是酱厂分布密集的地方。制酱时，不仅原料要好，环境也要好，空气、日照、风、温度要适宜，因为无论晾晒过程还是发酵过程，通风良好是生产高品质酱油和大酱的一个很重要的条件；一年四季要分明，冬季酿酱，三月分离酱和酱油，缓慢的发酵有利于提升酱油的品质；周围有其他花树也是好的，有一些酱厂，甚至会把酱缸埋在花树下，这样发酵的酱品中可以得到独特的微生物来提升所产大酱和酱油的风味。

三月是分离正月里酿制的酱油和大酱的时节，也是樱花等盛开的季节，酱缸里的世界这时也不寂寞，在盐水表面会盛开一朵朵“酱花”(见图3.5)。这些“酱花”其实是发酵过程中产生的有益菌自然形成的，“酱花”的盛开意味着已经到了大酱和酱油分离的时间节点。“酱花”越多代表氨基酸的分解越快越充分，酱品的味道就会越鲜美，所以酱油酿制的好坏一定程度上可以从“酱花”的多少看出一二来。

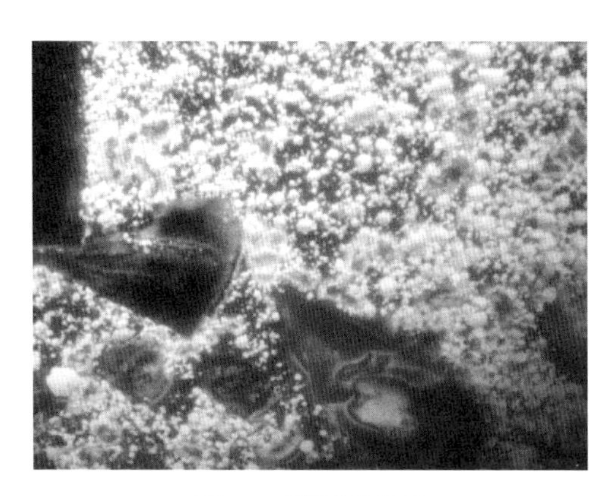

图3.5 “酱花”盛开

接下来的工作就是把酱油和大酱分离开。首先，将其中的木炭、明太鱼包、辣椒、大枣等辅料捞出放一旁。其次，把酱曲饼捞出，但由于已充分发酵，酱曲饼这时候会比较松软，需要用漏勺来进行捞取，捞出时要尽量将其沥干，集中放到一个干净的大盆里。最后，处理完成分离操作后过滤好的褐色液体和捞出的酱曲饼。将液体取出倒入锅里熬开后冷却，再重新倒入酱缸，这便是初步酿制好的酱油，这时的酱油被称为“新酱油”，味道还比较淡，通常会在其中加入一些“种子酱油”，然后封上盖子让其继续熟成。“种子酱油”和以前各家每次发面都会特意留下的一小块作为下次发面用的“面起子”或者“老面”类似。“种子酱油”富含特定风味的酵母群，加入后相当于贴上了生产者特定的味道标签，同时可以加快酱油的成熟。

酿制一年的酱油可以食用。这时的酱油还比较稀，直接吃的话味道寡淡，被称为“清酱”，一直到两年的酱油还是叫作“清酱”，也可叫作“汤酱油”，顾名思义就是做汤类食物调味用的酱油。酿制时间再长一些达到三年左右的酱油,可以叫作“中酱油”,也就是处于熟成中间状态的酱油;超过五年的酱油就可以叫作“浓酱油”了;如果酿制超过十年,酱油会变得非常浓稠,甚至酱缸里会析出类似于盐的酱油晶状体,按照一定比例调配这种陈年酱油和当年刚出产的新酱油而成的浓酱油的风味是最好的。其实,酱油并不是越浓越好,过于浓的话,做菜时容易煳,以至于做出的菜会有煳味,所以使用一定比例的新老酱油混合的调制浓酱油是目前韩国市场上最受欢迎的酱油品种。

因为酱曲饼的豆子在盐水中发酵产生的大部分风味都跑到酱油中了,所以如果只用这些捞出的酱曲饼做大酱的话,鲜味会不足,需要再加入一些煮好打碎的豆子,或者直接用将酱曲饼敲碎后得到的酱曲饼末,使其继续发酵来补偿失去的风味。把全部酱曲饼细细捏碎,中间如果发现有腐坏的地方要及时挑出扔掉,然后加入准备好的打碎的熟豆子或酱曲饼末,比例大概为一升酱曲饼配一千克这样的酱豆饼粉。接着放入当年产的新酱油,比例约为一升酱曲饼配两升新酱油,比起直接放盐,放入新酱油来调制大酱风味会更好。把酱曲饼、酱豆饼粉以及新酱油充分混合调好浓稠度,放入另一个准备好的酱缸,大酱不要超过酱缸总容积的80%,因为之后大酱熟成过程中体积可能会膨胀,装得太满的话,大酱会溢出。也有人会减少所使用的新酱油的量,改为配合使用一些糯米糊来减轻咸度。接下来在酱缸内大酱的表面铺设一层海苔或海带,以防止太阳直射导致大酱颜色变得过深以及表层过于干燥,最后在海苔或海带上满满铺一层千日盐或辣椒籽进一步防止大酱变质。大酱放入坛子密封后,一般一年后开始吃,比较着急的人三个月后就开始吃了,但是经过一年到三年熟成的大酱才是最好吃的。韩国人一般的做法是当年吃前一年做的大酱,或者说当年做的大酱一年后才吃。

由上面可见,韩国传统酱油(见图3.6)和大酱(见图3.7)的生产过程是非常辛苦的,如果中间有一个环节出问题,那么一年的劳动成果可能就会付诸东流。韩国家庭极其重视酱,如果家里的酱味道变了,他们就会担心有什么不好的大事会发生在他们身上。

图 3.6 韩国传统酱油

图 3.7 韩国大酱

在日本殖民时期，韩国由于需要大量生产军用食品，就从日本引进了不分季节都可以制作酱油的用时短的酱油制作新工艺，即使用大豆榨油后的豆渣制曲再加入盐水使其发酵而成“酿造酱油”。由于味道不够，所以会加入氨基酸盐，这种酱油被称为“改良酱油”。另外，由于这种改良酱油是从日本引进的，所以一直又被称为“日本酱油”，而韩国的传统酱油被称为“朝鲜酱油”。现在韩国超市里一般都会有酱油专区，其中日常生活中最常用的是汤酱油、浓酱油和酿造酱油。汤酱油专门用于汤和凉拌菜，颜色较浅；浓酱油，盐分较少，有甜味，颜色深，味道不会随着加热而改变，所以常用于需要加热的菜肴；酿造酱油颜色也比较深，适用于不加热的食物，可以保持酱油原有的味道，常在吃生鱼片时使用。其他酱油品种还有有机浓酱油、低盐酱油、炖菜酱油、海鲜酱油等。

韩国近代随着工业化的提速，生产线式的制酱食品公司如雨后春笋般出现，加上城市化效应、生活节奏加快以及场地的限制等因素，在家中做酱的人越来越少，越来越多的人开始从市场上购买成品酱类。这种成品酱类虽然极力模仿家庭口味，但由于是大批量生产，而且各家各户所习惯千差万别，所以和传统酱类产品总是有着比较明显的差异。很多酱类生产公司为了使酱味鲜美可口，就加入了很多添加剂。这类食品公司其实并没有掌握传统酱类制作的精髓，生产的酱味道普遍偏甜，导致韩国饮食的味道慢慢发生了改变，这使人们在不知不觉间就摄入了超量的糖分，糖尿病患病率在逐年升高。不过，最近随着人们对生活品质和自身健康状况的重视程度的提高，社会中出现了返璞归真的潮流，即人们开始崇尚吃采用传统工艺手工制作的酱类食品。虽然这类产品的价格对比流水线生产的同类产品高出不少,但仍供不应求。

前面提到,酱油起初是使用肉类酿造的,在韩国现在仍有一部分手工酱油作坊在坚持酿制鱼肉酱油。鱼肉酱油的酿造其实和豆制酱油的酿造过程大同小异,但蛋白质的主要来源不再是豆子,而是各种肉类。鱼肉酱油制作时要放入鱼肉、虾、野鸡肉、家鸡肉等,酱油中由于更多种类蛋白质的加入,发酵分解后会产生更多种类的氨基酸,风味当然更好。在朝鲜半岛三国时代就有将肉和酱豆饼粉一起发酵制成鱼肉酱的记载,一直延续到朝鲜王朝时代,是王室和"两班"贵族阶层专享的高级调味品。现代由于物资已经非常丰富,各种新式调味手段层出不穷,人们对于鱼肉酱油的需求不再强烈,传统酿制的鱼肉酱油在韩国已经不多见。

韩国古代相关典籍中将鱼酱、肉酱和鱼肉酱做了区分,其中《园幸乙卯整理仪轨》中有关于鱼酱的记载,《酒方文》中有关于肉酱的记载,而《增补山林经济》和《闺合丛书》[①]中则有关于鱼肉酱的记载。如同大酱和酱油的关系一样,肉酱和肉酱油也是如此,在得到肉酱的同时也会得到肉酱油。

按照《闺合丛书》中所记述的方法,制作鱼肉酱时牛肉要挑选油脂少的臀部肉,去除筋,晒干后备用;鱼去鳞、内脏和头部,晒干后备用;准备鲍鱼、海虹(贻贝)、虾和海参等海鲜,也一样晒干备用。这些材料晒干差不多要用一个月的时间,以使肉质组织紧实。在做酱的当天,将野鸡肉和家鸡肉稍微焯水备用,同时准备好鸡蛋、生姜、大葱、豆腐、大枣、辣椒、盐水和酱曲饼等。(见图3.8)先充分清洗酱缸,在酱缸底部放入干牛肉、鱼、家鸡肉、野鸡肉,接着把酱曲饼码放进去,再把海鲜等放在上面,然后再放一层酱曲饼,放入生姜、大枣和辣椒等其他辅料;接下来加入盐水,比例是一千克盐配四升水。在最上方放入竹篾网防止酱曲饼等材料露出盐水面,用宣纸把缸口密封严实,盖上盖子,将缸体大部分埋入土中,还要在缸口位置铺上稻草,最终加土

① 《闺合丛书》是一本妇女家庭生活百科全书,是朝鲜半岛妇女不可或缺的手册,书中都是对女性家庭工作者的建议,由凭虚阁李氏于1809年撰写。

把酱缸整体埋入土中,等一年熟成后就可以吃了。在古代朝鲜半岛,只有王室和一部分“两班”士大夫才可能吃到这么珍贵的鱼肉酱油,一般平民是很难有机会吃到的,甚至可能都不会知道有这种美味的调味料存于世上。

图3.8 鱼肉酱油酿制所需部分主要材料

三、辣椒酱

下面来说一下,大酱、酱油和辣椒酱这酱类“三兄弟”中最后的这个“小兄弟”。在古代的朝鲜半岛上,副食种类极少,所以民间只能通过各种酱味来提高主食的口感,辣椒酱就是其中非常受欢迎的酱类。至今,韩国人对于辣椒酱的迷恋有时甚至不输大酱,几乎做什么菜都要放点辣椒酱进去。辣椒酱是韩国传统发酵食品中重要的一种。据推测,韩国辣椒酱的历史比起同为发酵酱类的大酱和酱油要短许多,始于16世纪末17世纪初。起初,辣椒是作为香辛料来使用的,价格非常昂贵,之后随着辣椒栽培技术的推广,其价格逐渐降低,人们就开始在大酱、酱油中加入辣椒来增加味道的层次。在《增补山林经济》中,一种用黄豆和辣椒粉制成的酱料和今天所说的辣椒酱很类似。19世纪初的《闺合丛书》就已经记载了辣椒酱的详细制作方法。

辣椒酱(见图3.9)和大酱不同,是使用麦芽糖稀和辣椒粉等混合制成的。辣椒酱是一种完美结合甜味和辣味的传统发酵食品。在韩国,淳昌郡地区除大酱很有名外,辣椒酱也同样有名。对于韩国人来讲,辣椒酱是能够激起他们食欲的重要调味料之一。我们所熟悉的韩餐中如韩式拌饭和辣炒年糕,辣椒酱都是这两种食物的灵魂。

图3.9 辣椒酱

辣椒酱中含有淀粉酶和蛋白酶，在吃米饭或者吃一些容易对胃部造成负担的肉类时，配上辣椒酱一起食用的话，不但可以增加口味，而且其本身就是一种天然消化剂。在减肥方面，辣椒酱也有不错的效果，辣椒酱中的辣椒素能够促进体内脂肪分解，但是现制的辣椒酱的减肥效果没有熟成的辣椒酱好，这是因为辣椒酱熟成过程中产生的成分也能帮助脂肪燃烧。辣椒籽富含的辣椒素有很好的抗菌作用，所以有主妇将辣椒籽作为大酱酱缸酱体表面最上层的铺设。辣椒酱还能抑制人体内的氧化作用，防止衰老。

其实相对于大酱和酱油，辣椒酱的做法要简单一些，所需发酵时间也短些。其原料为辣椒粉、糯米、酱豆饼粉、麦芽糖稀以及千日盐。先将糯米蒸成糯米饭放凉备用，然后将酱曲饼粉放在凉的糯米饭上，最后放入中酱油进行搅拌。放入中酱油的目的是提升辣椒酱的风味，相比只用食盐带来的咸味，中酱油可使辣椒酱的味道更有厚度。也有人用食盐和水来代替中酱油。搅拌均匀后，自然发酵两天，酱体会呈粥状，这时放入带有辣椒籽的辣椒面，口感上会更好。接着倒入用带壳大麦熬制的麦芽糖稀，充分搅拌均匀后放入大小合适的酱缸中，密封后熟成六个月就可以食用了。当然不经过熟成直接食用也是可以的，但是因为缺少豆酱饼粉发酵带来的风味，口感上会差不少。

韩式辣椒酱虽名为辣椒酱，但并不像我国四川辣椒酱一样以辛辣取胜，它的辣应该说是一种甜辣。当然在韩国也有用非常辣的进口辣椒品种为原料做成的辣椒酱，但就朝鲜半岛本地出产的辣椒而言，其辣度并不高。韩国人做什么菜都是“红彤彤”的，让人觉得他们应该非常能吃辣，但其实并不是。韩国人到了中国吃重庆火锅时，都会感到震惊，即使中辣也是他们不能承受的，之后吃火锅都会默默地选择微辣，甚至点清汤锅，因为中国辣椒的辣度完全超乎他们的想象，即使微辣对韩国人来讲也已经是“大辣”“巨辣”了。这里只是说相对而言韩国人吃辣的平均水平并不高，当然每个国家都有特别能吃辣的人，比如韩国就有一部分人特别喜欢韩国中餐馆里卖的辣度非常高的四川炸酱面。

四、清曲酱

清曲酱又名臭酱，有些类似大酱，但是比大酱发酵程度高，豆子已经很软，并且有拉丝，味道也更浓郁，是一种即食速成酱。大酱发酵需要几个月才能食用，而清曲酱的最大优点是，两三天就可以食用，并且是将大豆打碎整体发酵后直接食用的，营养损失较小。旧时，传统大酱因为发酵时间很长，风味也少，为了在大酱成熟前也有酱吃，人们还单独腌制了速成酱。清曲酱在忠清南道等地方还被叫作“咚咚酱”，原因是在和豆腐一起做汤的时候，它会发出咚咚的声音。清曲酱是朝鲜半岛南方地区的特产，在寒冷的冬天放入腌制好的泡菜一起炖的清曲酱汤是一道美味佳肴。一般会在做酱曲饼的时候把煮熟的豆子盛出来一些，或者专门把豆子煮熟来做清曲酱。与做其他酱动辄需要六个月或一年不一样，清曲酱制作起来非常容易，并且可以发酵后直接食用，即使在空间狭小的城市楼房环境中也可以轻松制作。

清曲酱首先在忠清南道、全罗南道以及庆尚南道地区开始出现，后来逐渐传到首尔。忠清南道地区的清面酱以及忠清南道的唐津和瑞山等地的咚咚酱都是这种类型的酱。将当年秋天收获的豆子煮熟后在其中放入少量的已经发酵的酱曲饼或稻草，放到40℃左右的环境中盖上被子使其发酵两到三天，这时就会发现，豆子已经可以拉丝了。接着，把一半左右发酵好的豆子捣碎，但不要捣太碎，捣到能看到豆瓣的程度就可以。将捣好的豆子和另一半豆子混合后，加上大蒜、盐、辣椒粉，适当搅拌。如果没有40℃左右的环境，韩国人一般会开电热毯，将盛豆子的大盆放到电热毯上再盖上被子来进行发酵。

与做大酱不一样，做清曲酱时用到的豆子在煮完后并不立即捣碎，发酵过程中豆子是完整的。《朝鲜无双新式料理制法》(1934)中有把清曲酱晒干后再吃的方法，即把清曲酱放在太阳下晒干然后放入纸袋中，想吃的时候将其取出并煮沸即可。

清曲酱一定要放在坛子或其他密封容器里，放在阴凉处或者冰箱里保管更好，否则非常容易变质。清曲酱所含的盐分少，所以比大酱口味要淡许多，不能久放，一般一次不能做太多。

清曲酱又被称为"战国酱"，相传在朝鲜王朝时代"丙子胡乱"[①]时，这种酱是清朝军队士兵的军粮，由此而得名。打仗时，在一处不能长时间驻扎，要经常移动，没有时间等酱熟成后再吃，所以清朝军队就带来了这种制作后可以马上食用的副食品。《增补山林经济》和《五洲衍文长笺散稿》中均记载了战国酱，凭虚阁李氏所著的《闺合丛书》中则有关于清肉酱的记载。

日本也有类似的食品，就是纳豆，日本南部地区的九州和关西地区的人们特别喜欢吃。在饭碗里放入半碗纳豆，用筷子搅一搅，微微出现津液时，放入生鸡蛋和酱油(浓酱油)一起搅拌后直接吃或者将其倒在米饭上吃，这是典型的日式吃法。

清曲酱和中国的臭豆腐有异曲同工之处，都是闻起来臭，吃起来香。在韩餐馆里，有时会听到"什么味儿啊，谁的脚那么臭啊！啊，不对，是有人点清曲酱汤了"，也有人戏称清曲酱汤为"臭脚丫子汤"。爱吃的人恨不得每天都吃，受不了清曲酱气味的人则远远躲开，别说吃了，看都不想看见。现代社会中，人们对自己的仪表越来越注重，工作时间吃清曲酱汤这种重口味的人越来越少了，所以现在提供清曲酱汤的餐厅也越来越少，但同时，喜爱这种民族传统食物的人们还是有的。在传统菜市场，远远就会闻到这种特殊

---

① 指1637年1月至2月(丙子年十二月至丁丑年正月)清朝攻打朝鲜王朝的战争，朝鲜半岛历史上称之为"丙子胡乱"或者"丙子虏乱"。此役后，朝鲜王朝断绝了与明朝的宗藩关系，成为清朝的藩属国。

的气味，不用导航，直接顺着味道就可以找到贩卖清曲酱美食的饭店。

利用清曲酱可以做出各种各样的美食(如图3.10)。除清曲酱汤之外，还有清曲酱拌饭、清曲酱锅和清曲酱包饭酱等，都是让人垂涎欲滴的美食。如果有机会到韩国，大家一定要尝下最地道的清曲酱美食。

图3.10 清曲酱美食

在韩国饮食文化中，酱的地位是举足轻重的，甚至可以说比泡菜都要重要，因为韩国的酱文化拥有上千年的历史。韩国人特别重视酱，以前各家每到做酱的季节都会忙碌起来，各家的酱虽然种类类似，但是味道各有千秋，是名副其实的“家酱”。韩国人甚至会把酱味和家运联系起来，认为做的酱的味道关乎家运，这在一定程度上是因为酱的好坏涉及一家的全部饮食的基础味道，酱味和酱色都好的话，由酱做出的饮食会持续美味，吃到美味后全家人就会心情愉快。

酱是家的底蕴，是家在味道上的承载实体，是家的纽带。无论孩子离开家多远、多久，他们都会时刻想起家的味道、酱的味道，会思念故乡，总有一天会回到家里，再吃家里长辈给准备的由酱做出的饭菜。酱味是韩国民族团结的重要纽带，酱和酱文化是其民族重要的物质和精神财富。

第三节 泡菜王国

朝鲜半岛一年四季分明,冬季相对漫长,泡菜的出现充分地解决了人们在冬天蔬菜供应不足的问题,是韩国最具特色的食品之一。朝鲜半岛在出现泡菜以前,蔬菜的保存一直是一个巨大的难题,干菜虽然可以长期保存,但不好吃,营养也大打折扣,并且吃起来很不方便。后来人们学会了制作泡菜,将蔬菜用盐腌制,以达到长期保存的目的,之后又加上酱、醋以及香料等,经过发酵后诞生出了新的口味和香气,从那时起泡菜就和朝鲜半岛结下了不解之缘。泡菜一般以蔬菜为主原料,配以各种水果、海鲜及肉类,经过充分发酵而成。泡菜不但口味鲜美、爽口,而且富含各种营养,是韩国人餐桌上不可缺少的主要佐餐,可以说韩国人没有泡菜是吃不下饭的。对于制作泡菜,各家有各家的秘诀,做出的味道也不尽相同。

一、泡菜的起源

泡菜最初是从用盐来腌制蔬菜,即腌菜开始的。腌菜是为了长期保存剩余农产品而普遍使用的手段,因此有人推测腌菜这种保存形式是在人类进入农耕社会后,在新石器时代至青铜器时代这一时期开始使用的,特别是在有寒冷冬天的北纬35°~45°地区,人们对越冬蔬菜有着强烈的需求,形成了这种为了长期保存蔬菜而腌菜的习俗。韩国有人主张腌菜这种保存方法并不是在特定地区起源后向外传播,而是在多文化圈自生而成的。韩国人的这种说法乍一看有一定道理,其实还是不顾历史、歪曲历史,为了主张其所谓的“自生文化”,不是受中华文明影响发展而来的文明这个狭隘的民族文明发展观而服务的。当然,历史文献中没有任何记载支持他们的这种看法。就中国和朝鲜半岛众多历史文献记载来看,中国是蔬菜发酵食品的起源国,目前为止有关腌菜的最古老的记录是中国周朝时期的文献,关于这一点韩国人也不得不承认。

周朝《诗经·小雅·信南山》就记载了"中田有庐,疆场有瓜,是剥是菹,献之皇祖",意为"削黄瓜做腌菜,献给祖先",这里的"是剥是菹",描述的就是腌菜的过程。另《诗经·邶风·谷风》中有"我有旨蓄,亦以御冬",这里的"旨蓄"指的就是好吃的储备,也就是腌制的蔬菜。"菹"字在中国古文献中被用来指凉拌、腌制泡菜等。"菹"字在中国许多古籍中都有记载,例如《周礼》中有"馈食之豆,其实葵菹"的说法,这里"菹"的意思就是腌菜;《说文解字》中有"菹,酢菜也"的说法,这里的"酢"字为"酉"字旁,说明"菹"还和酒有关系,证明这个食物是发酵食品。其实,我们看到这个"菹"字,已经非常形象地描述了泡菜的制作,草字头代表植物(蔬菜),三点水代表需要加入水,"且"比较像一个坛子的形状,也就是在坛子中加入水和蔬菜从而制作出的一种腌菜。

《周礼》中提到过七种腌菜,即以韭菜腌制而成的韭菹、以蔓菁腌制而成的菁菹、以凫葵腌制而成的茆菹、以冬葵腌制而成的葵菹、以芹菜腌制而成的芹菹、以竹笋腌制而成的笋菹、以水藻腌制而成的苔菹。这七种腌菜并不是人人都可以吃到的,当时是王室贵族的专享。北魏贾思勰的《齐民要术》,卷九中有记录用葵菜、菘菜、芜菁、蜀芥等来制作"咸菹",即挑选上好的青菜,放入很咸的盐水中,把菜洗干净后,放入缸中,然后把洗菜的盐水澄清后倒入缸中,直到盐水将菜完全淹没再盖上盖子,存储一段时间后食用。《齐民要术》中不单有"咸菹"的做法,还有利用酒、醋和酱来制作腌菜的记载。由于在《齐民要术》中出现了多种腌菜的制作方法,韩国便有专家以此为据来宣称韩国泡菜并非按照书中方法制作而成,主张韩国泡菜并非由中国传入,而是由他们自己发展出的,因为他们的泡菜是利用盐和酱涂抹在新鲜蔬菜上制作而成的,但这种技术在笔者看来也只是"咸菹"的本地化版本罢了,非要美化成是他们自己发明的,实在牵强至极。另外,朝鲜王朝时期流传的一本烹饪书就叫作《酒醋沉菹方》,可见源于中国的用酒和醋来制作泡菜的技术其实早就在朝鲜半岛流传开来,现在韩国泡菜的制作方法只是不断本地化的结果。

说到朝鲜半岛泡菜的起源,有一种说法是在高丽王朝时期传入朝鲜半岛的,并且和唐朝时期名将薛仁贵有莫大的关系。相传,公元666年,唐朝派薛仁贵率军征讨当时我国北方的少数民族高句丽,经过两年时间,成功使高句丽臣服唐朝,之后朝廷在高句丽设安东都护府,薛仁贵担任安东都护,并驻扎两万军队。后吐蕃进攻唐朝,薛仁贵再次挂帅出征,却吃了败仗。唐皇震怒,把薛仁贵一家贬为庶人,发配边疆,当时便是发配到了朝鲜半岛地区,他的随从中有擅长制作泡菜的,便把当时制作泡菜的手艺也带到了朝鲜半岛,从此,泡菜便在朝鲜半岛生根发芽。从那时起,泡菜制作技术在本地自然环境条件和当地人口味的基础上又做了多次变革,例如到了朝鲜王朝时代,人们就将朝鲜半岛盛产的海产品加入泡菜中,之后经过长时间实践,发现大白菜易储存且产量大,最后形成了以大白菜为主料的泡菜品种体系。薛仁贵当年在东征战场上的神勇,在朝鲜半岛一直流传至今,现在韩国老百姓中仍有人供奉他,称之为“白衣神将”。

泡菜在朝鲜半岛历史中被称作“沈菜”之前,最早曾被称为“渍”,意为“浸泡”。高丽王朝高宗时期学者李奎报撰写的文集《东国李相国集》中曾把腌制泡菜的过程称为“腌渍”,还记载了“得酱尤宜三夏食,渍盐堪备九冬支”,意为“新鲜蔬菜在夏天可以蘸酱吃,用盐腌后冬天可成菜”。

高丽王朝时期,受到当时传入的中国儒家学说的影响,开始将泡菜叫作“저”,就是前面提到的“菹”字。当时,泡菜的制作一般是在腌菜上再加入料汁,黄瓜、水芹菜、芥菜、韭菜等泡菜中加入的调料就更加多样,水泡菜也出现了。生姜、橘皮等开始作为香料放入泡菜中,加入葱、蒜制成的料汁的泡菜也陆续出现。但其实这个时期的泡菜和现在吃的泡菜的味道还是有很大差别的,前者还是以“咸菹”工艺为主。

进入朝鲜王朝后,泡菜的味道逐渐地演变成了如今泡菜的味道,有三种材料起到了关键作用,促使韩国泡菜成为具有独特形态和味道的食物。

第一,泡菜和其他文化圈的腌菜的最大区别在于其加入了动物性发酵食品——鱼虾酱。朝鲜半岛由于三面环海,自古就有食用鱼虾酱的文化,所以有可能当时老百姓平时就有将鱼虾酱和蔬菜拌在一起食用的习俗,但是确切记载这种习俗的是在朝鲜王朝时代。

鱼虾酱(젓갈)本身在韩语中就有"搅动、混合"之义,主要是和黄瓜、萝卜、冬瓜等蔬菜拌在一起食用。首次有关鱼虾酱放入泡菜的记录是在上面提到过的《酒醋沉菹方》中一篇名为《甘动菹》的菜谱中发现的。甘动是小而细的小虾,呈紫色,也就是紫虾。甘动菹就是将紫虾做成酱后和黄瓜拌在一起而成的。因为鱼虾酱在当时是非常珍贵的食材,所以这个甘动菹只是王室贵族阶层在招待客人或作为馈赠礼物时使用,并不是普通老百姓可以接触到的。《朝鲜王朝实录》和多个文集均记载了当时在招待中国宗主国派来的使臣时使用了鱼虾酱,因此,韩国有专家推测鱼虾酱泡菜的历史可能早于朝鲜王朝初期。其实该推测非常牵强,如果鱼虾酱泡菜出现那么早,就算民间没有记录,那么《朝鲜王朝实录》等史书一定会有记录,但实际上并没有。或者还有一种可能就是之前也有人尝试过,不过可能鱼虾酱和泡菜一起发酵后,腥味没有办法去除,导致类似的尝试没有成功,也就没有被记录下来。

第二,在朝鲜王朝后期,原产于拉丁美洲的辣椒流入朝鲜半岛并被广泛种植,后作为制作泡菜的原料,给泡菜的颜色和味道带来了革命性的变动。魅惑的红色可以刺激食欲,辣椒的辣味和防腐作用可以减少盐的使用量,也有助于乳酸菌的发酵。18世纪以后,鱼虾酱的产量开始大了起来,流通也逐渐活跃起来,在泡菜中使用鱼虾酱的制作方法开始普及,辣椒的辣味配合香料的味道可以有效地减轻海产品的腥味,自此海鲜和泡菜才完美结合。不仅如此,为了防止泡菜的异常发酵而使用的花椒、辣蓼草、土荆芥、紫苏等材料也逐渐被辣椒代替。放入辣椒后,泡菜的味道有明显的提升,因此在泡菜中使用辣椒的人越来越多。直到最后,辣椒成为泡菜中绝对的代表性原料。一般认为,辣椒是在"壬辰倭乱"之后传入朝鲜半岛的,开始只是流浪的贫穷僧侣才吃的廉价食材,"壬辰倭乱"后人们疲惫不堪,生活物资缺乏,辣椒这种可以简单下饭的食材当时在贫困百姓中迅速流行开来。曾有国外传教士描写道:"只见朝鲜半岛上的人只拿着几个辣椒配一大碗干饭,不一会就跟变魔术一样都吃完了。"可见,当时人们对于辣椒的喜爱。

虽然在高丽王朝时代就有白菜,但是由于当时白菜是朝鲜半岛很难栽培的珍贵食材,只有王室贵族阶层可以偶尔吃到,不可能被当作日常小菜使用，所以当时泡菜的主材料一般是黄瓜、茄子、萝卜、冬瓜等。18世纪末19世纪初，大白菜在朝鲜半岛开始扩大种植面积，但仍旧只是汉阳王室权贵们的专享，全国范围的大面积种植并没有成功。直到19世纪中后期，大白菜的种植开始真正意义上的大面积推广，将鱼虾酱和各种香辛料拌在一起的混合料涂抹在大白菜叶之间的泡菜制作方法逐渐变成主流。随着工商业的兴起和发展，民间财富逐渐积累，形成了中产富裕阶层，泡菜也在这时变得华丽起来，添加了各种海鲜等的泡菜制作方法广为流传，逐渐形成了现代泡菜制作方法。这样将植物性和动物性材料加入酱料适当混合经过发酵而成的泡菜成为最具韩国特色的发酵食品。

二、韩国泡菜的发音变迁

泡菜是将蔬菜浸泡在盐水中，所以最开始在高丽王朝时期泡菜被叫作"침채(沈菜，chimcham)"，"沈"通"沉"，即把蔬菜浸入水中。《承政院日记》一书中便有关于沈菜的记载："四色醢、沈菜、酿酒等所入，几至四十余坐，而自前户曹，随所入备给。"但是，"沈菜"一词在同样使用汉字记录的中国和日本的史书中并不存在，所以据推测该词应该是当时的人使用汉字标记本土语言而创造的汉字词，这种利用汉字来标记朝鲜语的书写形式被称为"吏读"①，与日本的万叶假名②属同一性质。中国学者周爱东通过考察"沈"字在汉语中的本义，认为"沈"字源于先秦时期的"醓"字，与宋鲁地区的方言有关，并由此推测，中国的"菹"是在商朝末年由箕子传入朝鲜半岛，之后在保持"菹"的基本做法的基础上发展成为今天的韩国泡菜[15]。

后来到朝鲜王朝初期，泡菜单词的发音逐渐发生改变，变成了"딤채(沈菜，dimchae)"，在1518年由金安国所著的医书《谚解辟瘟方》中有"让妻食沈菜(딤채)"的描述，在1525年由崔世珍撰写的《训蒙字会》中也有一种叫法

---

① 吏读是借用汉字的语音和意义的标识方法，过去被称为"乡札""吏头""吏吐""吏套"等。

②《万叶集》是日本最早的诗歌总集，原文使用汉字标记，但其中的汉字被剥离了表意功能，只剩下表音功能，即汉字成了表音符号，后世将这种表音汉字称为"万叶假名"。

为“딤채저(沈菜菹)”;之后随着时间的推移,泡菜的叫法变成了“짐치(chimchi)”,直到演变为现代的名字“김치(kimchi)”。

其实“沈”字在朝鲜半岛古代发音为“딤(dim)”,16世纪后发音为“팀(tim)”,而现在发音为“김(kim)”,但从韩语音韵学的角度来看,这样的发音演变是不可能发生的,所以并非只有“沈”字的发音单独发生了变化,而是“沈菜”一词的发音发生了变化,其发音从“딤채(dimchae)”经过“짐치(jimchi)”才固定为如今的“김치(kimchi)”。

泡菜在韩国还有另一个固定表达,即“지(ji)”。虽然韩国国内强调这个词没有对应的汉字,其实笔者认为其对应汉字语源就是前面提到过的汉字“渍”,许多文献中出现过“지”这个称呼,其发音变迁过程可总结为“디히(dihi)”→“지히(jihi)”→“지이(jii)”→“지/찌(ji/jji)”。现代韩语中称呼酱菜(장아찌,jangajji)、咸菜(짠지,janji)、大白菜萝卜泡菜(섞박지,seokbakji)、老泡菜(묵은지,mugeunji)等都用到了这个词。在全罗南道,“지”仍然被作为泡菜的单独名词使用。

从古到今,泡菜的发音一直在进行着细微的调整。韩国官方前一段时间曾明确要求使用“辛奇”这个新词汇作为“김치”一词在中文区的唯一翻译,这次是韩国人主动求变,以避免和中国泡菜混淆,但是“辛奇”这个词的接受度并不高。多数情况下,“김치”还是会被翻译为“泡菜”或者“韩国泡菜”。

三、韩国泡菜主材料

韩国现在的泡菜的主材料是大白菜,但是大白菜成为泡菜主料的时间并不长。泡菜刚刚被传入朝鲜半岛时,当地制作泡菜的主料是蕨菜、竹笋、沙参、茄子、黄瓜、萝卜等;到了高丽王朝时期,随着蔬菜种植技术的提高,主料中增加了韭菜、水芹菜、竹笋等新鲜蔬菜;到了朝鲜王朝时期,香辛料逐渐丰富,尤其是辣椒的传入和迅速普及使用,使得泡菜去除海鲜的腥味成为可能,之后泡菜中开始广泛加入韩国人喜爱吃的各种海产品,如各种鱼、虾、蟹等。以辣椒为代表的香辛料可以去除鱼类等海产品的腥味,也可起到杀菌的作用,并且使泡菜的颜色更加鲜艳,看起来就让人有食欲。同时伴随着更多优质蛋白质参与发酵过程,产生了更多种类的氨基酸,泡菜的口味越发美妙。自此,泡菜的制作出现了革命性的变化,成为韩国泡菜最为鲜明的特点,是以从中国传入的泡菜制作方法为基础的划时代的创新发展。现代韩国泡菜的主料主要包括大白菜、萝卜、盐、鱼虾酱、大蒜、大葱和生姜等。

大白菜含有丰富的维生素和无机物,有利于消化和排便,有助于预防动脉硬化等。做泡菜时选用的大白菜应叶宽而不厚,叶子不要紧贴,根部要新鲜。春天选择水分少而结实的大白菜为好;秋天选择大小适中、菜心饱满、分量重的大白菜为好;冬天选择绿叶紧贴,看起来新鲜的大白菜为好。中国古文献中称白菜为"菘菜",李时珍的《本草纲目》中有"菘,即今人呼为白菜者。有二种:一种茎圆厚,微青;一种茎扁薄而白,其叶皆淡青白色"的说法,但这时的白菜指的并不是大白菜,而是我们平日常吃的小白菜。泡菜所使用的大白菜,即结球白菜是小白菜和芜菁通过天然杂交演化而来的(见图3.11)。上面也提到过,白菜(菘菜)虽然在高丽王朝时期就已经传入朝鲜半岛,但由于栽培技术的限制,直到19世纪中后期,大白菜才被大面积种植,最终成为泡菜的主料。

图3.11 白菜的演化过程

萝卜和大白菜同属十字花科,经常和大白菜一起用作泡菜的主材料。萝卜是一种含水量很高的蔬菜,含有大量维生素C,而且富含淀粉酶,有助消化。萝卜皮中所含维生素C要比萝卜肉中更多,所以韩国人用萝卜做泡菜时一般不削皮。

萝卜在春季、夏季和秋季都可栽培,但其外形和口感差别较大,春萝卜或夏萝卜细而嫩，秋萝卜形粗、水分多、味甜。做泡菜时，选用的萝卜要求根形光滑整齐，没有疤痕，整体有光泽，肉质坚硬、细密，分量重，辣味轻、甜味足且新鲜。

以秋萝卜制作的萝卜泡菜口味最好。另外，还要根据所腌制的泡菜种类选用不同的萝卜，水萝卜泡菜（동치미）要使用小而圆的萝卜，萝卜块泡菜（깍두기）宜使用底部圆而结实的传统品种萝卜，小萝卜泡菜（총각김치，又称小伙泡菜）宜使用叶子绿而嫩、纤维不坚韧的嫩萝卜。

萝卜也是从中国传入朝鲜半岛的。早在公元前400年，萝卜便已经由古丝绸之路传入中国，大约在朝鲜半岛三国时代，和佛教一起传入朝鲜半岛，是高丽王朝时代非常重要的蔬菜之一。在朝鲜半岛的很多史料中也将萝卜记为汉字“蘿蔔”和“蔓菁”，现在韩国已经几乎没有人用汉字词来指代萝卜，而是使用韩语固有词“무（mu）”来指代。

盐是韩国发酵食物的灵魂，所以无论做大酱还是做泡菜，盐的选择都是关键。不同于中国四川泡菜多用井盐，由于朝鲜半岛三面环海，在韩国泡菜中使用海盐就成了必然选择。同做大酱时一样，做泡菜也多选用千日盐，几乎不使用精盐。千日盐中含有多种无机成分，可有效防止泡菜腐烂，而且其含有的钙和不溶性盐分可有效抑制蔬菜中的果胶分解酶的作用，保证泡菜可以长时间保持脆生的质感。另外，盐分也可以抑制多种微生物及杂菌的生长，使泡菜可以长时间储存。

鱼虾酱是提升泡菜鲜味的关键，还可以提供优质蛋白质、游离钙和脂肪等。泡菜制作中添加鱼贝类等海鲜食材后，经过发酵，海鲜蛋白质会分解成各种氨基酸，形成特有的味道和香气；鱼骨会变得容易吸收；脂肪会变成挥发性脂肪酸。

韩国各地泡菜制作中使用最多的是虾酱，其脂肪含量少、味道清淡爽口，用六月抓到的虾做的虾酱的味道最好。鳀鱼酱有香味，用五月、六月抓到的鳀鱼做的鳀鱼酱是最好的。但鳀鱼酱的脂肪、氨基酸含量以及热量都很高，量过多的话，会有和放很多盐一样的效果，所以使用时要适量。至于泡菜制作中使用的鱼虾酱的种类和量，各地都不尽相同。在寒冷的韩国北方地区，会直接放入鱼，接着放入虾酱或黄花鱼酱等味道比较清淡的鱼虾酱；在气候温暖的南部地区，人们则会放入大量鱼虾酱，味道比较浓，也比较咸，主要使用鳀鱼酱和带鱼酱；东部沿海地区的人们则会放入新鲜海鲜或鳕鱼鳃酱等。

辣椒虽然很晚才传入朝鲜半岛，但因其味深受人们的喜爱，所以迅速占据了韩餐中非常重要的位置。泡菜中加入辣椒后，诱人的红色不仅在视觉上使人增强食欲，其甜辣味也改变了泡菜口感偏咸的缺点，大大提升了泡菜的整体品质。辣椒是在“壬辰倭乱”期间由日本传入朝鲜半岛的，日本士兵当时用辣椒来促进血液循环、防止冻伤。辣椒也被日本士兵用作向朝鲜半岛上的人施放的刺激眼睛的“化学武器”，所以起初朝鲜半岛上的人认为辣椒“有大毒”[16]。辣椒的食用在贫民阶层中首先流传开来，之后在17世纪后期首次被用于泡菜制作，18世纪后普遍使用。

辣椒富含辣椒素、维生素C等多种成分。辣椒中含有的辣味成分辣椒素具有杀菌作用，可促进唾液或胃液分泌，不但有助于消化，还能生成内啡肽消除压力，促进体内各种代谢作用，对减肥也有不错的效果。辣椒还可以抑制鱼虾酱中的酸败，消除腥味，防止蔬菜中的维生素C氧化，抑制杂菌繁殖，促进乳酸发酵，从而减少盐的使用量。腌制泡菜时使用的辣椒面的原料应选用经阳光晒干后，颜色鲜艳、厚而有光泽的干辣椒。对于不准备长期储存的泡菜，放入新鲜辣椒也是可以的。

大蒜是百合科的多年生植物，以六瓣蒜最好，而泡菜中使用的是有辣味的多瓣蒜。大蒜富含大蒜素，具有很强的杀菌能力，可促进新陈代谢等。大蒜中特有的强烈气味是大蒜素造成的，大蒜释放的大蒜素含量与大蒜的粉碎程度呈正相关关系，所以在泡菜中使用捣碎的大蒜，效果会更好。大蒜是由中国汉代张骞出使西域后带回来的一种重要的香辛食材。汉代王逸的《正部》中有“张骞使还，始得大蒜”的描述。大蒜据推测应是由中国传入朝鲜半岛，具体何时传入现在并不可考，朝鲜半岛上最早在《三国史记》中有关于大蒜的记载。在韩国，忠清南道西山和庆尚北道义城种植的大蒜比较有名，特别是义城大蒜，16世纪开始就在义诚邑庆州崔氏和金海金氏栽培。义城大蒜坚硬,储藏性好,特有的香味和辣味很强,自古以来就很有名,是义城地区的特产。除做泡菜之外,韩国人在烤肉的时候,生大蒜片也是必备食材之一,做凉拌菜等也会多少放入一些。

大葱属于百合科的多年生草本植物,原产于中国西北部至西伯利亚地区,作为重要的蔬菜在东方栽培,经中国传入朝鲜半岛。《管子·戒》中有“北伐山戎,出冬葱及戎叔,布之天下”的记载,这里说的是齐桓公向北征伐山戎族,见到了戎人种植的冬葱(大葱的祖宗)和戎菽。由此可以看出早在春秋战国时期,山戎人已经掌握了种植冬葱的技术。再之前,也只有《山海经》中的一些只言片语予以描述。朝鲜半岛大葱的引入可追溯到后燕人卫满灭箕子朝鲜建立卫满朝鲜时,由燕国人传入朝鲜半岛。中医将葱的白色部分和根一起切下来用,称为“总白”,用于治疗感冒、消化不良、腹泻等。《东医宝鉴》中记述的总白汤是放入葱根的白色部分和生姜一起煎着吃,可给感冒的孕妇或孩子们治疗用。这是因为大葱具有促进血液循环、使身体变暖发汗的作用,还能提高对消除疲劳的维生素B1的吸收,保护因感冒而虚弱的身体。做泡菜时,宜选用葱根部白色部分长而且硬实有光泽、叶片部分呈深绿色、体型又长又直的大葱。山东寿光大葱不仅在中国有名,在韩国也是主妇做泡菜最喜爱的食材。在韩国,全罗南道珍岛郡和釜山地区的大葱都很有名,釜山的江西区和机张郡曾经在一段时间内种植生产出了全韩国七成的大葱。釜山江西区的鸣旨地区的大葱在韩国最有名,该地区以前是盐田,其所产的大葱有着独特的辣味。

生姜是生姜科多年生植物,含有大量无机成分。生姜拥有独特的香味和辣味,辣味是姜辣素和姜烯酮所散发的,对各种致病菌有很强的杀灭作用,具有增强体质的功效。所以使用生姜作为泡菜的调味料,不但可以减轻鱼腥味,还有利于抑制各种细菌的滋生。制作泡菜使用的生姜以大小和形状适中、切面粗、弯曲少、皮薄、无伤痕、水分多、新鲜的为宜。

生姜的食用在中国有着非常悠久的历史。《神农本草经》中有:“干姜,味辛温,主胸满咳逆上气,温中止血,出汗,逐风湿痹,肠澼下痢,生者尤良,久服去臭气,下气,通神明。生山谷。”相传神农尝百草,以辨药性,误食毒蘑菇昏迷，苏醒后发现躺卧之处有一丛青草，顺手一拔，把它的块根放在嘴里嚼，过了不长时间，肚子里咕噜咕噜地响，泄泻过后，神清气爽，身体全好了。神农姓姜，他就把植物取名“生姜”，意为“其作用神奇，能让人起死回生”。

高丽王朝显宗时期首次记录了朝鲜半岛上有关生姜栽培的内容，当时姜是作为王的赏赐物品赐予大臣的。据说1300年前，一个名叫申万石(신만석，音译)的人到中国出使，将中国凤凰县的生姜带回了朝鲜半岛[17]，并分别在全罗南道罗州以及黄海道本相(본상，音译)两地尝试栽培，均以失败告终，后来挑选了一个地名中也有“凤”的地方，即完州郡凤东地区，生姜栽培终获成功。从那时起，朝鲜半岛开始种植生姜。

四、韩国泡菜的制作方法

韩国泡菜的制作方法，从古到今经历了多次变迁和改良，才演变成如今的面貌。先来看一下朝鲜半岛古文献中记载的泡菜的做法。

肃宗四十一年(1715)的史籍《山林经济》中有：“沈汁菹茄。菹，亦藏菜也。九月以茄瓜一分，酱一斗，麸三升和沈，埋盛热马粪，经三七用。今全州所产最佳。”这里记载的是茄子黄瓜酱菜的做法：将茄子以及黄瓜一分、酱一斗以及麸三升合成糊糊状，上面铺上热马粪，经过21天后使用。热马粪的使用，就我们的认知来讲可能有些不可思议，为此笔者专门查阅了其他文献看看有没有详细的解释，最后在一本名为《山家要录》①的烹调书中找到了相关记载：“盐一升和水，如厚豆粥，先布瓮底，次布茄瓜，如是满瓮，以板适瓮口造盖，以真末泥水涂之，勿令入粪气，油纸坚封，盖瓦盆涂泥，埋新马粪，裹蓬艾。”这里讲到先将由酱豆饼粉、盐和水等混合而成的粥状物放入泡菜缸中，再放满茄子黄瓜，盖上盖子后，用泥封口，为了防止马粪的味道渗入，要在上面再铺一层油纸密封好，最后把缸埋入马粪中。据推测，使用马粪可能是为

① 《山家要录》是在2001年被发现于古书堆中的一本烹调书，其前后磨损严重，农业和相关部分的内容已经被损毁，只有中间的烹调部分完整保留了230多种食谱。书上没有作者的姓名，只有“崔有濬 抄”的字样。

了更好地发酵和保温。马粪中有一些细菌可以帮助发酵，并且菌群稳定。这些技艺从今天食品安全的角度来看肯定是不合格的，古人对大自然的认知大多还停留在现象阶段，他们认为只要结果是好的，那么这个技术就是好的，所以这些从民间实际生产劳动中发现的“土办法”，在历史上是有其存在价值的，值得每个人尊重。

另外，从《山林经济》中的泡菜类来看，虽然当时辣椒已经进入朝鲜半岛百年有余，但是该书中记载的泡菜做法和现代泡菜做法不同，仍是以盐腌制、用醋腌渍或与香料一起混合制成，辣椒和海鲜这两种重要食材仍未被纳入。

1766年的《增补山林经济》中，就有泡菜中引入辣椒的记载，“沈萝葍醎菹法”，即将带叶的萝卜、南瓜、茄子等蔬菜和辣椒、川椒、芥末等香辛料混合，再放入大量大蒜汁腌渍。这种制作方法就和现代的小伙泡菜的制作方法非常类似。直到1827年的《林园十六志》中的“醢菹方”中才出现了鱼虾酱。该配方将用盐腌渍的萝卜、大白菜、黄瓜等和其他蔬菜一起混合海藻、辣椒、生姜、大蒜、芥末等，再放入鱼虾酱、鲍鱼、海螺、八爪鱼等，以及作为酸味缓和剂的鲍鱼壳，配合适当浓度的盐水进行发酵。这和现代泡菜的制作方法非常类似。

由于现代人快节奏的生活方式，严格按照传统流程制作泡菜的人越来越少，泡菜的制作方法也在相应地简化和标准化。大体来讲，泡菜的制作可分为三个阶段，即盐渍阶段、涂抹酱料阶段和发酵熟成阶段。

（一）盐渍阶段

虽然有几种即食类泡菜是用新鲜蔬菜混合调好的料汁凉拌而成的，但是需要长时间保存的泡菜的制作必须从盐渍蔬菜阶段开始。下面来看一下最常见的辣白菜泡菜的制作方法。

将一棵大白菜从根部一切两半，然后用调制的盐水浸泡大白菜并在大白菜叶上撒盐，6个小时后将大白菜调整位置，保证所有的大白菜叶等部分都能泡到盐水中。再经过4个小时，大白菜中的水分就会被充分渍出，这时可以检查，如果大白菜叶还是脆的，那么说明需要再渍一会；如果大白菜叶折过来不断,那么说明盐渍程度可以了。盐渍是利用盐的渗透压作用,去除蔬菜中的水分,并赋予蔬菜适当的盐分。通过盐渍,在去除蔬菜青涩味道的同时,还能阻止促使泡菜变软的杂菌的繁殖,并创造出适合乳酸菌或酵素生成的环境。通过它们间的相互作用,泡菜的熟成度会恰到好处。盐水的浓度一般为10%~15%,盐渍过的大白菜的盐度最好在2%~3%。随着人们越来越重视健康,市面上出现了将大白菜的盐度降低至1%~1.5%的低盐泡菜。盐渍过后的大白菜要用淡水清洗两三遍,之后控干水分备用,否则会有过多盐分进入泡菜,造成口感下降,而且人体摄入过多盐分会对健康造成危害。

(二)涂抹酱料阶段

酱料是多种调料和辅料混合后制成的。根据泡菜的种类、所在地区以及季节的不同,各地制成的酱料各有不同。酱料是泡菜味道的决定因素。酱料的制作过程大致如下:

第一步,准备萝卜丝。将萝卜打掉皮横切成片状后,再切成2mm粗细的细丝备用。注意萝卜丝不要太粗,否则制作的酱料的黏合性会变差,涂抹大白菜叶时效果不好;但也不要太细,否则吃的时候口感不佳。萝卜中富含淀粉酶,可帮助消化。不同于做萝卜泡菜不打外皮,做酱料需要的是萝卜丝,一般为了加工方便会把萝卜外皮打掉。

第二步,准备梨丝和苹果丝。将梨和苹果切成和萝卜丝类似粗细备用。梨和苹果主要是作为甜味的来源,泡菜制作过程中不再单独放糖等调味剂,否则会降低泡菜口感。

第三步,将水芹菜、小葱、韭菜中的一种或几种切成小段备用。由于一年中各种蔬菜成熟季节不同,所以配菜也会随季节不一样。

第四步,将前面准备的配菜放入盆中,加适当的干辣椒面,倒入事先准备好的海带水(海带用水煮十分钟取出海带后晾凉备用)和鳀鱼汁(使用鳀鱼和盐腌渍一年以上,取汤汁备用)。由于近来市场对低盐泡菜的需求旺盛,所以泡菜味道相对于之前会有些淡,放入鳀鱼汁会增加鲜味,从而弥补咸味的不足。接下来放入虾酱、蒜蓉、姜蓉、鳀鱼粉以及虾肉蓉。随着生活水平的提高，韩国人在制作泡菜时会根据口味和当地特产放入一些海鲜，以便发酵时产生更多氨基酸。再接着放入糯米粥，然后把所有材料进行充分搅拌。酱料中放入糯米粥后，不但提高了酱料的光泽，而且随着酱料黏性的增加，涂抹大白菜叶时酱料会更有附着力，增加酱料和叶面的贴合面积，从而促进发酵，提升泡菜口感。还有人会为了提升泡菜成品的观感，在酱料中加入一些海藻、辣椒丝、芝麻等。调配的酱料要稍微浓一些，因为萝卜等材料会因调料中盐分的存在而渍出水稀释酱料。

第五步，将酱料调配好，并静置半个小时。使用时，需要再次搅拌均匀，然后往之前备用的盐渍过并沥干水分的大白菜叶上均匀涂抹酱料。涂抹时，因为叶子部分的盐度已经比较高，而根部盐度较低，所以一般在靠近根部的菜叶部分多涂抹一些酱料，前段菜叶上少涂抹或不涂抹酱料都可以。全部涂抹完毕后，要将大白菜叶整理一下，使菜叶像折叠伞收起时聚合在一起的样子，再回折包裹向根部。这样做是为了不使大白菜中包裹的酱料在发酵过程中流失。

第六步，将涂抹酱料完毕的泡菜整齐码放入容器。以前还会用很重的石头放到泡菜缸最上层的泡菜上来压一下，以减少其中的空气；现在韩国人一般用泡菜冰箱来储存泡菜，所以会使用有密封功能的塑料盒或玻璃盒，将涂抹完酱料的泡菜整齐码放入盒中并用手压紧，盖上密封盖就可以了。

（三）发酵熟成阶段

泡菜放入盒后，先不要立即放入冰箱，需要在15℃室温环境中放置36个小时后再放入温度4℃左右的冰箱，待熟成即可食用。

泡菜熟成的过程是材料中的碳水化合物以及蛋白质等有机物质经酵素分解，分解的糖分或氨基酸由微生物发酵的过程。随着泡菜的熟成，泡菜中的病原体和腐败菌减少，相反，耐盐、不需要空气的有益乳酸菌急剧增加，提升了泡菜的口感。正是由于乳酸菌的作用生成的乳酸等赋予了泡菜独特的酸酸的香气和清爽的口感。

在泡菜发酵过程中，温度和盐度非常重要。泡菜发酵的环境温度越低，发酵时间就越长。一般来说，最适宜泡菜熟成的温度是4℃～5℃，慢慢熟成。秋天沈藏季节中，适宜盐度是2%～3%。随着温度的升高，为了延长泡菜熟成的时间，泡菜的盐度就需要提高，春天做的泡菜盐度在4%～5%，夏天做的泡菜盐度在7%～10%。泡菜盐度过高或腌渍时间过长，会使大白菜或萝卜中的甜味丧失，鲜味不再，咸味当道，口感变差。

泡菜发酵初期，各种细菌滋生，但随着乳酸菌数量的增多，会促使乳酸、醋酸、苹果酸、柠檬酸等多种有机酸生成，使得泡菜的pH值降低，一般为4.2～4.6，而酸度以0.6～0.8为宜。泡菜中的有机酸与盐一起提高了泡菜的防腐能力，生成的酒精和脂类改善了泡菜的口感，低盐度泡菜熟成发酵过程中会生成更多的酒精成分。

五、泡菜储藏方法

朝鲜半岛住民很早就根据不同的季节、不同的自然条件设计出了不同的方法来储存泡菜，从而一年四季都能吃到不同种类的泡菜。他们在夏天将泡菜缸浸入溪水或井水中，防止天气炎热使泡菜轻易变酸。他们还利用石井和双层缸来储存泡菜，在石井内放入缸口处设有可灌入水的口的双层缸，注入凉水后，可使缸内保持凉爽。另外，他们会在冬天将泡菜缸埋在几乎恒温的土壤里，使泡菜不结冰，也可长时间保存泡菜。

（一）陶制泡菜缸

泡菜缸和酱缸在韩剧中经常出现，一般为陶制，无论制作泡菜还是制作大酱和酱油，在韩国都使用陶缸。陶缸在窑内烧制期间，整个缸体上会形成许多细微的气孔，这些气孔透气但不透水，从而为泡菜适当发酵创造了绝佳条件。

陶缸由于地区和气候的不同而外形略有不同。在气温和日照量低的韩国北部地区，为了吸收更多的阳光，使用的陶缸的入口较宽，缸体肚子部分不突出。相反，在气温和日照量高的韩国南部地区，为了防止过量阳光射入导致水分蒸发过快，使用的陶缸的缸口较窄。同时，为了获得更多的热辐射，陶缸的肩部变得更宽了，显得肚子比较鼓。图3.12中，从左到右依次是南部的全罗道和庆尚道，中部的忠清道，以及北部的京畿道、江原道使用的

酱缸。虽然现在各家利用泡菜冰箱来存储泡菜,但是就口感来讲,传统陶缸发酵而成的泡菜更佳。

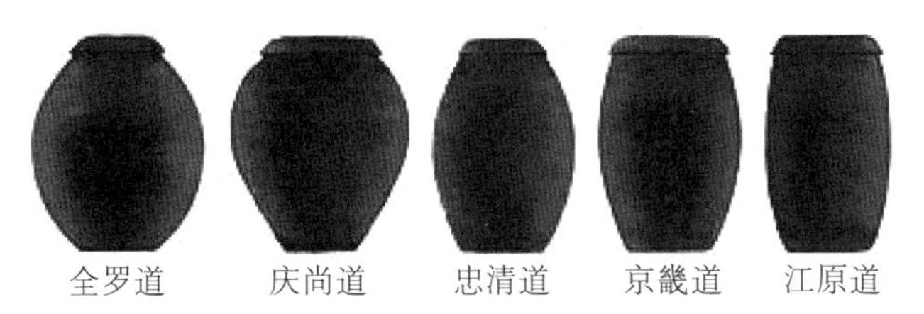

图 3.12 韩国部分地区陶制泡菜缸样式

(二)泡菜库

朝鲜半岛住民为了使埋在地下的泡菜免受雨雪的侵袭,会专门为泡菜设立泡菜库。根据地区和家族规模的不同,泡菜库的样子也不一样。在韩国南部地区,挖地埋入泡菜后,只在上面简单地用稻草盖住泡菜缸(见图3.13);在中部或北部地区则会在泡菜缸上用木头和稻草搭建圆锥形的窝棚(见图3.14),作为泡菜库用。更有甚者,比如人口多的大家族,会专门建一座房子来储存泡菜。

图 3.13 泡菜库形态一

图 3.14 泡菜库形态二

(三)泡菜冰箱

现代社会,几乎不再使用传统的泡菜库,转而使用专门为储藏泡菜用的泡菜冰箱,放入腌渍好的泡菜使其熟成。普通冰箱打开冰箱门后,内部的冷空气会下沉到地面,外部暖空气会进入冰箱,冰箱内冷藏环境被破坏,关上冰箱门之后需要一定的时间,才会重新由冰箱压缩机将内部空气制冷达到冷藏温度,所以如果把泡菜放在普通冰箱中,每天使用冰箱会使泡菜提早变酸，破坏泡菜品质。韩国商家考虑到这一点，专门研制了泡菜冰箱。泡菜冰箱采取抽屉式或上部开闭式设计，可以起到长期储藏泡菜的作用。抽屉式设计主要是为了减少打开冰箱带来的影响，打开其中一个抽屉并不会影响其他抽屉放置的泡菜，而且抽屉式设计为横式，抽出抽屉，冷空气大多下沉到抽屉的底部，不会向外过多流出，关上门可以快速回到原冷藏温度。上部开闭式设计，则类似于夏天经常使用的冰柜，目的也是减少打开冰箱门时带来的冷热空气交换。

如今的韩国家庭，购买的房屋一般都是精装修，可以拎包入住。开发商交付房屋时，有的会配置洗碗机、燃气烤箱等小家电，但泡菜冰箱是标准配置，也是韩国公寓住房的一个特点。

（四）提升泡菜美味的方法

制作泡菜时要用手压泡菜，把泡菜叶间的空气尽量放掉，防止发酵过程中有过多的空气参与。

在泡菜熟成过程中，要用重石压一下，增加的压力会促使食盐发挥作用，防止泡菜过快熟成或变形。

为了维持一定的储藏温度，需要将泡菜放入陶制或石制容器中并埋入地下。当埋入地下一定深度时，空气不再流通，可起到抑制泡菜氧化的作用，缸内温度也可长期保持在4℃—5℃，这是泡菜熟成的最佳温度。

在山区除用陶制泡菜缸之外，还会使用木质的泡菜缸。木质泡菜缸主要由椴树制成，这种木材木质均匀，容易加工，对外界温度变化不敏感，有利于存放泡菜。

六、韩国泡菜种类

泡菜的主要材料是大白菜、萝卜和黄瓜等，一般还会使用芥菜、芹菜、葱、韭菜、香菜等30多种蔬菜来制作。泡菜中使用最多的大白菜可制成的泡菜有大白菜泡菜、白泡菜、包饭泡菜等，最具代表性的是大白菜泡菜和白泡菜。大白菜泡菜就是我们平时看到最多的辣白菜，白泡菜则和我国东北地区冬天吃的酸菜类似。萝卜泡菜有萝卜块泡菜、小伙泡菜、切丝泡菜、鳞片泡菜、石榴泡菜、芜菁泡菜、萝卜泡菜、萝卜干泡菜等,最具代表性的是萝卜块泡菜和小伙泡菜。黄瓜可以做成黄瓜泡菜、黄瓜块泡菜、腌黄瓜等。葱制成的泡菜有小葱泡菜。另外,在朝鲜半岛较早就有使用蔬菜(含山野菜)制作泡菜的传统,蔬菜类泡菜有苏子叶泡菜、南瓜泡菜、水芹菜泡菜、豆芽泡菜、苦菜泡菜、韭菜泡菜、香菜泡菜、青蒜泡菜、桔梗泡菜、茄子泡菜、辣椒叶泡菜、地瓜秧泡菜等。还有以海藻类、鱼贝类和肉类为主材料制作的泡菜。海藻类泡菜有莼菜泡菜、裙带菜泡菜、松藻泡菜、鹿尾菜泡菜等,鱼贝类泡菜有牡蛎泡菜、鳕鱼泡菜、河豚泡菜、鱿鱼泡菜、鲍鱼泡菜等,肉类泡菜有家鸡肉泡菜、野鸡肉泡菜、猪肉泡菜等。

韩国四季分明,人们在不同季节会使用应季蔬菜腌制多种泡菜。在漫长的冬季,可以吃在深秋沈藏季腌制的大白菜泡菜、白泡菜、水萝卜泡菜、萝卜泡菜;一到春天,就马上使用当季刚下来的蔬菜制作当年的大白菜泡菜、水芹菜泡菜、芥菜泡菜等;夏天里不做长时间存储的泡菜,而且做比较容易腌制的黄瓜泡菜、韭菜泡菜等;到了秋天吃小伙泡菜、茄子泡菜、牡蛎萝卜块泡菜等。由于蔬菜种植技术特别是大棚种植技术的提升,食品工厂生产和销售的泡菜种类十分齐全,泡菜的季节性在逐渐消失。

韩国各地区自然环境不同,因而各地的泡菜也有很大的差异,越是北方地区气温越低,盐的味道越弱,辣椒放得少,不咸也不太辣,同时在泡菜中加入海鲜代替鱼虾酱,并会加入足够的汤汁,泡菜的味道清淡;南部地区气温较高,泡菜中加入了大量的盐和鱼虾酱,盐味更重,同时由于放入了大量的辣椒粉,所以相对其他地区,味道也更辣。尤其是庆尚道和全罗道,因为添加了大量产自该地区的鱼虾酱,泡菜的味道比其他地方更浓。相比而言,全罗道要比庆尚道的盐味轻些,海鲜味也淡些,总体口感更好。下面我们就看一下韩国各地泡菜都有什么特点。

(一)首尔泡菜

首尔,旧称汉城或汉阳,自朝鲜王朝时代起就一直是首都,所以这个地域的泡菜是以宫廷泡菜为基础发展起来的。另外,由于全国农产品都聚集在这里,所以首尔泡菜的外形华丽,种类繁多。首尔泡菜的调料口味适中,不咸不辣，而且大部分调料切得很细，方便食用。泡菜制作时会使用虾酱、黄石鱼酱、黄花鱼酱等清淡的酱，并放入大量鲜虾和鲜带鱼等海鲜。具有代表性的首尔泡菜包括大白菜泡菜、包饭泡菜、熟萝卜块泡菜、酱泡菜、糠虾酱萝卜泡菜、萝卜泡菜、黄瓜泡菜、石榴泡菜、大白菜萝卜泡菜、辣椒叶泡菜等。

（二）京畿道泡菜

京畿道泡菜的特点是外形华丽，材料丰富。该地区泡菜的口味得益于所在西海岸的丰富海产品和东边山区的山野菜等，比其他地区更丰富。京畿道泡菜咸淡适中，加入了鲜虾、鲜带鱼、鲜明太鱼等，主要使用虾酱或黄石鱼酱，味道鲜美清淡。最具有代表性的京畿道泡菜是开城包饭泡菜，其他泡菜还有留种泡菜、野鸡肉泡菜、芜菁泡菜、地瓜秧泡菜、黄瓜泡菜、白泡菜、酱泡菜、小伙泡菜、水芹菜泡菜等。

（三）江原道泡菜

江原道以山脉为基准分为和东海相邻的岭东地区以及和京畿地区相邻的岭西山区，由于环境和气候各不相同，各地都有自己的特色泡菜。岭东地区的泡菜是以大白菜和萝卜为基本材料，将干明太鱼或鲜鱿鱼切成小块来制作酱料的。同时，为了增加鲜味，会用虾酱或鳀鱼酱混合的汤汁将腌制好的大白菜打湿后放入馅料，或者放入鲜明太鱼、鳕鱼的鱼头、明太鱼酱等。鱼虾酱多用虾酱，汤汁用鳀鱼熬制的鳀鱼汁，味道清淡爽口。岭西地区泡菜中多放芥菜，有辣味，盐味淡，汤汁充足，与岭东地区相比，酱料放得不多。江原道地区代表性的泡菜有海鲜泡菜、鱿鱼泡菜、山芥菜泡菜、明太鱼子酱萝卜块泡菜、海草泡菜以及沙参泡菜等，其中放入了很多东海深海海鲜的海鲜泡菜是数一数二的地区风味泡菜。

（四）忠清道泡菜

忠南地区的海鲜和忠北地区的蔬菜融合在一起制作出的泡菜拥有既朴素又清淡的味道。忠清道在腌制泡菜时，不用太多酱料，主要使用盐。泡菜咸淡适中，酱料多使用黄花鱼酱、黄石鱼酱、虾酱，少放调料。辅料则放入青蒿、水芹菜、葱、发酵的青辣椒等，或者将香菇切成丝，再与梨和栗子混合后腌制泡菜。忠清道地区代表性的泡菜有萝卜泡菜、南瓜泡菜、茄子泡菜、石菜泡菜、菠菜泡菜、南瓜泡菜、牡蛎萝卜块泡菜、公州萝卜块泡菜等。

(五)庆尚道泡菜

庆尚道泡菜在制作时由于加入了大量的红辣椒粉和大蒜,所以味道比较辛辣。多放盐和鱼虾酱,盐味重是庆尚道泡菜的特点。这是由于该地区与其他地区相比,温度较高,泡菜容易酸,要多放盐和辣椒粉、少放汤。鱼虾酱是用鳀鱼酱熬制的,只使用汤汁,并加入带鱼酱调味。庆尚道地区代表性的泡菜有牛蒡泡菜、韭菜泡菜、辣椒泡菜、茄子泡菜、苦菜泡菜、水芹菜泡菜、萝卜干泡菜、烤鳕鱼泡菜、萝卜块泡菜、沙参泡菜、地瓜干泡菜、苏子叶泡菜等。

(六)全罗道泡菜

以美食著称的全罗道盛产种类丰富的海鲜和蔬菜,故泡菜种类繁多。为了防止天气导致的泡菜变酸现象,会放入大量辣椒和鱼虾酱,口感辣。为了给泡菜增加爽快的口感,有时会用糯米糊或加入各种蔬菜作为辅料。鱼虾酱使用最多的是鲳鱼酱,虽然颜色暗淡,但味道很浓。另外,也会使用黄花鱼酱和虾酱。还会放入芝麻和桂皮粉,泡菜会微苦。其使用的蔬菜不局限于大白菜和萝卜,其他各种蔬菜的泡菜种类也很多。罗州水萝卜泡菜、芥菜泡菜、苦菜泡菜、苏子叶泡菜、豆芽泡菜等是全罗道的代表性泡菜。

(七)济州岛泡菜

由于地理特性,济州岛泡菜中有许多海鲜,汤汁比较丰富。同样由于地理限制,济州岛上的调味料很珍贵,较少使用,泡菜制作起来比较简单。包括鲍鱼泡菜在内的济州地区海鲜泡菜非常发达。济州岛的冬天天气暖和,随时都可以买到新鲜的蔬菜,所以并不需要准备太多泡菜,会用在冬天也能长得很好的大白菜来腌制冬至泡菜。鲍鱼泡菜是将鲍鱼切成大块,放在水泡菜中浸泡后制成的,是只有在济州岛才能品尝到的美味。

七、沈藏文化(腌制越冬泡菜文化)

在古时,初冬就要提前腌制好越冬泡菜然后储藏起来,这样的活动在韩国被称为沈藏活动,通俗地讲就是腌制越冬泡菜。

沈藏活动是指为了预防冬季没有蔬菜食用，初冬时节就事先腌制泡菜的活动。沈藏的泡菜是朝鲜半岛人们在蔬菜不足的冬季维生素的主要来源。沈藏是韩国自创的汉字词。沈藏发音的音变和泡菜的音变规律类似，即“딤장(dimjang)”→“짐장(jimjang)”→“김장(gimjang)”。可以这么说，泡菜的发展历史就是沈藏的发展历史，因为泡菜原本就是为了在冬季也能吃上蔬菜而大量腌制的食物。韩国沈藏历史的直接证据中，最悠久的是俗离山法住寺的石制泡菜坛（见图3.15），相传是在高丽王朝圣德王十九年（720）建造的，当时其用途是为3000多名僧侣腌制泡菜。

图3.15 俗离山法住寺的石制泡菜坛

有关沈藏的具体文字记录可以从高丽王朝时代的文献中得到确认。李奎报撰写的《东国李相国集》中收录的《家圃六咏》中就有“萝卜放入酱里，夏天吃就好了；用盐腌的话，就能撑过漫长的冬天”的说法。

沈藏最好在气温4℃以下时进行。从立冬开始，一直到小雪为止，都是沈藏的最佳时期。这是因为泡菜的主材料蔬菜最好在结冰之前进行处理，否则容易冻坏，而天气太暖和的话泡菜又很容易变酸。由于全球气候变暖，腌制泡菜的时间已逐渐推迟。并且由于在冬季也很容易买到新鲜蔬菜来腌制泡菜，再加上在超市就可以买到众多食品公司生产的几乎包括所有种类在内的泡菜产品，所以不进行沈藏的家庭在不断增加。

一直保持到今天的沈藏风俗是韩国每年一次最重要的家庭活动，以前一般是储备过冬三四个月的菜量，但是由于韩国人每天都要吃泡菜，所以会多做一些，有条件的会按照一年的用量来做。因为泡菜和大酱一样，虽然腌制发酵一段时间后就可以吃，但是追求最佳口味还是需要时间的沉淀，所以要吃到韩国最好的发酵食品还真需要有些耐心。

韩国泡菜是韩国饮食的重要组成部分，超越了阶级和地区的差异，是韩国人在世界范围的国家标志之一。沈藏这样的集体实践体现了韩国社会的特性，是维系和加强家庭合作的绝佳机会。同时，沈藏对韩国人来说是一个重要的提醒，即人类社会需要与自然和谐相处。沈藏的准备工作是以一年为周期的：春季，家庭采购虾、鳀鱼等海产品进行腌制和发酵；夏天，需要购买海盐备用，购买红辣椒晒干并磨成粉末；深秋初冬，是泡菜腌制的季节，社区成员集体制作和分享大量泡菜，以确保每个家庭有足够的泡菜度过漫长而严酷的冬天。快到沈藏的日子时，家庭主妇们会特别关注天气预报，以确定制作泡菜的最佳日期。在家庭之间交换泡菜的习俗中，创新技能和创意被分享和积累了起来。沈藏的技艺有着明显的地域差别或地域特色。沈藏的具体制作方法和配方在韩国一直被认为是一个非常重要的家庭遗产，通常由婆婆传给新媳妇，是一个具有传承意义的重要象征。在朝鲜半岛旧时，沈藏技艺和配方的传承也遵循着"传儿不传女"的规定，即便是对最喜爱的亲生女儿，母亲也不会轻易传授，原则上只能传给家里的长媳。这个口味的泡菜世世代代只有在这个家门才能吃到，是家门的味道。

沈藏并不是随便什么时候都可以进行的，需要考虑的事情很多。首先，天时就是最重要的，在韩国有"沈藏需要靠老天帮助"的俗语。从食材的准备到泡菜的制作，环境因素非常重要，只有温度、湿度、盐度都到位了，腌制的泡菜才能味美。沈藏活动可以看作邻里间代表性互助的实例之一。不仅如此，沈藏活动还为居住在不同地方的家人聚会提供了契机。天、地、人和谐共生这一思想已经深深融入韩国的泡菜文化中，用好的材料调出好的味道，及时在正确的时机进行调味，会使味道更加浓郁；邻居和家人聚在一起进行劳作，实现了人与人之间的和谐。正是由于沈藏活动具有这样的意义，2013年在第八届联合国教科文组织非物质文化遗产委员会上，沈藏活动(越冬泡菜腌制活动)被列入人类非物质文化遗产名录。通过世代相传的沈藏活动，实现了邻里间的分享，形成了共同体连带感，增强了个人的认同感和归属感，体现了无形文化的价值。与某些非物质文化遗产拥有为数不多的传承人不同，韩国全体国民其实都是沈藏文化的传承人，而且每个家庭在局部所保持的各具特色的沈藏文化也是一个令人瞩目之处。

每当深秋初冬季节，沈藏就是韩国人的头等大事。韩国以前住在农村的人口居多，一到沈藏时节，各家主妇就会自发约起来，轮流到每个人家里来“现场办公”。

由于社会化发展进程的不断加快，韩国的城市化率目前已经超过80%，城市里各家住的公寓也都不是那么宽敞，所以不能像以前在农村进行大规模沈藏，但是小规模的社会互助依然存在，更多的则是全家老小齐上阵，成为家人团聚的一个好机会。在韩国的许多家庭中，一坛泡菜的原味酱汁甚至可以传承好几代，真正的韩国泡菜被称为“用母亲的爱腌制出的亲情”，岁月愈久，味道愈浓，以至于韩国人把泡菜的好味道称为“妈妈的味道”。也许正是由于对妈妈的爱和感激之情，韩国人才把泡菜称作“孝子产品”。韩国人无论走到世界的哪个角落，一碟泡菜总会瞬间拉近他们与故乡的距离，让他们感觉自己并未离开太远。世界各地的韩国人街区也总是弥漫着或浓或淡的泡菜味道。

朝鲜王朝时期，宫廷相当重视泡菜，设有专门负责向王室提供泡菜的政府机关，叫作沈藏库。《朝鲜王朝实录》中有：“沈藏库提举、别坐、向上、别监所掌之务，实为繁剧，每当岁末，悉令去官，以偿其劳，诚劝士之美意也。”这里提到，由于沈藏库的各种职位如提举、别坐、向上、别监所负责的任务非常繁重，所以一般将其任职限为一年之内，在岁末会安排所任官员卸任，以表示对其辛勤劳动的奖励，可见沈藏库不是一个什么清闲的地方，工作非常劳累而且责任大。该书还提到，由于沈藏库官员每年都要轮换，所以官员们不考虑下一年的工作计划，例如为下一年准备种子、积粪、养牛等工作均不如人意。由此不难联想到韩国的每届政府，其实也是这样的一个现状，在职五年所做都是为了在任的政绩，前后政策的连贯性并没有被放在第一位考虑。内耗严重影响国家的安定和发展，是韩国当前社会的一个顽疾。

朝鲜半岛的史书上也有将沈藏记录为“沈莊”的。其实古代朝鲜半岛的人们虽然用汉字,但是他们也有自己的本地语言体系,有时会用汉字来标记他们的话。比如,他们会把“爱”记录为“思量海”,记录一个单词时根据个人习惯可能借用的汉字不一样,但是他们读出来是一样的,大家都能听懂,这也就是为什么一个事物对应的汉字在朝鲜半岛的古籍中有时会有几种版本。

八、泡菜致癌

健康是食品安全领域的第一重要问题,腌制食品可致癌成为一个重要常识。腌制食品中的致癌成分一般为亚硝酸盐,有自然产生的,也有人工添加的。植物生长需要氮肥,植物吸收的氮最终会转化为氨基酸和硝酸盐,植物体内还有一些还原酶,会把一部分硝酸盐还原成亚硝酸盐。泡菜制作过程中,发酵菌对泡菜的影响很大。对泡菜进行的相关研究发现,如果发酵过程中参与发酵的是纯醋酸菌或纯乳酸菌,就不会产生许多亚硝酸盐,因为这类细菌活动几乎不产生亚硝酸盐。[18]日常人们在制作泡菜时,并没有纯菌发酵的条件,难免混入杂菌,确实会有产生亚硝酸盐的问题,平时也有新闻报道说有人因为吃了腌制食品而中毒,但其实只要发酵时间足够长,亚硝酸盐含量就不会太高。研究发现,随着泡菜熟成时间的增加,亚硝酸盐含量会逐步降低,最后甚至消失。虽然泡菜制作的季节和工艺有别,但是一般腌制半个月内的泡菜是不宜食用的。一些小作坊制作的泡菜因为腌制时间不足,确实会发生泡菜所含亚硝酸盐超标的情况,所以在购买泡菜的时候,一定要购买正规品牌有食品安全标志的产品。

九、泡菜之争

韩国人将泡菜看作国家名片和国家象征,将泡菜领域视为自家的“后花园”,认为在泡菜这个领域他们必须是“权威”。《中国市场监管报》曾报道:“一项由中国主导制定、四川省眉山市市场监管局牵头负责的泡菜行业国际标准正式诞生,这是中国泡菜产业实质性参与国际标准化工作的直接体现,也是我国在国际标准化组织(ISO)框架下制定的第6个食品标准。”这条新闻被韩国媒体报道后，韩国国内像炸锅了一般，引起了激烈的争论，其官员和媒体等都表示了强烈反对。甚至，这股反对的劲头还发泄到了热播的电视剧中，韩国观众在电视剧《女神降临》和《文森佐》中看到有中国产品广告出现，就开始抵制这些电视剧，说中国在进行文化渗透，想把泡菜抢过去之类的。韩国诚信女子大学教授徐坰德，还花钱在《纽约时报》登了一个广告，专门强调“韩国泡菜，世界美食”，可谓一时赚足了眼球。甚至这位徐教授还持续不断地写电子邮件给百度百科抗议百度词条中有关“韩国泡菜起源于中国”的表述是“明显错误”。其实这一切都是韩国的“键盘侠”和韩国一些唯恐天下不乱的所谓的学者利用舆论树立起的一个巨大的伪命题，都只是为了营销自己。

史学界中有这样的一个不成文的规则，某物在某地最先被发现，在没有其他线索和证据前，就认为此地为起源地。比如稻米的驯化最早被认为起源于印度，之后传入中国，但是在我国浙江河姆渡文化遗址上稻米被发现后，稻米的最早驯化地就成了中国。一切都要以证据说话，而不是几个教授闭门造车，毫无根据地主观猜测。虽然有时某一事物或者文化有可能在相隔很远的两地独立发展而成，但就历史观来看，如果以偏概全，将这样的论调推广到所有事物，忽视历史证据链，那么历史也就不再是历史，而是一种可以被创造出的存在了，比如每个国家都可以声称自己的文化是独立发展的，只不过是还没找到相关证据而已，这显然是不科学、不严谨的。

放眼世界，只有中华文明数千年间不曾中断，各时期历史文献丰富，在不同时期的历史文献中均有各种蔬菜腌制发酵相关的记载。例如前面提到过的先秦时期的《诗经》《周礼》，南北朝时期的《荆楚岁时记》《齐民要术》以及宋朝时期的《太平御览》上都有各种“菹”的制作方法。宋代以后都将“菹”称为“咸菜”“酱菜”“腌菜”等，直到清代才出现了“泡菜”一词。这些有关腌菜的文献记载足以证明腌制发酵蔬菜食品确实是起源于中国。并且韩国人起先对于泡菜起源于中国是没有异议的，2002年时任韩国农水产物流通公社北京农业贸易馆馆长郑云溶也认为“大约在3000年前中国就有了酱菜(pickles)制作工艺，在1300年前的韩半岛三国时代中国酱菜传到了韩国，并结合韩民族的饮食习惯不断发展演变成了今日的韩国泡菜”[19]。在史学界，这是一个在世界范围都有着共识的历史观，在当今韩国却总有一些历史学者为了博出位故意利用狭隘的民族主义，不顾历史的真相，故意以偏概全、歪曲历史，挑起国际争端。不仅泡菜的制作方法是源于中国，就连韩国泡菜的两大主料，即大白菜和辣椒的原产地也都不是韩国，这二者在韩国被大面积种植和使用的历史都不长，如何是这些所谓的“专家”强调说的如今的韩国泡菜的做法有几千年的历史呢？大白菜原产于中国，后传入朝鲜半岛；辣椒原产地为拉丁美洲，于哥伦布发现新大陆后才逐渐于明末传入中国，之后经中国传入朝鲜半岛，也有一说是经日本传入朝鲜半岛。如今韩国人全力守护的韩国泡菜其实没有多少历史，中国人也从来没有想过和谁抢泡菜，中国泡菜历史悠久，泡菜坛中自有乾坤，食材在坛中融合，正如中华文化兼收并蓄、圆融畅达。

第四章

牛里乾坤

朝鲜半岛土地狭小,养牛成本高,而牛是农业的重要生产工具,牛肉供需完全不平衡。在韩国,国产牛肉被称为“韩牛”,一般韩牛的价格是进口牛肉的三四倍,高级韩牛的价格甚至是进口牛肉的十倍。在韩国,每逢秋夕、旧正等重要的节日时,韩牛礼盒便是馈赠亲友的最高级奢侈品。这是自古流传下来的传统,以前朝鲜王朝的王赏赐有功大臣的时候就用牛肉当作赏赐物品。

第一节 牛尽其用

韩国人对于牛肉的喜爱深入骨髓,他们认为牛身上没有不能吃的部位。一头牛首先可以分为十大部分,分别是里脊、外脊、上腰、上脑、前腿肉、牛臀、牛霖、牛腩、牛腱和排骨;然后分为39个小部分,分别为里脊肉、肋眼肉、板腱肉等;这39个小部分还可以继续细分为不同的特殊部分,所有的部位加起来超过120个。不同部位的味道会有一些微妙的差异,因此不同部位的烹调方法也会有所不同。

人类学家玛格丽特·米德(Margaret Mead)曾经说过,英国人和法国人把牛分为35个部位食用,东非的博迪部落将牛分为51个部位,韩国人则将牛分为多达120个部位,这是基于韩国人对于牛肉口味的细致研究和精湛的剔骨技术而实现的。剔骨需要精细的刀工和正确的角度才可以分毫不差地将不同的部位分解开来。

中国古有庖丁解牛,那么韩国的解牛技术是从中国传入的吗?韩国有研究称,在朝鲜王朝以前,韩国人的剔骨技术并不高。中国宋朝徐兢(1091—1153)所著的《高丽图经》中曾有语句暗示高丽人不擅剔骨,也有直接讲述高丽屠宰技术落后的内容,比如写到高丽人抓住牲畜后直接将其打死。其实主要因为在高丽王朝时期,佛教被奉为国教,佛教禁止杀生,狩猎和屠宰同样被禁止,所以这一时期素食文化非常发达,肉食文化自然衰退下来。受到蒙古人的影响,高丽王朝末期在包括饮食文化在内的多个方面发生了很大的改变,朝鲜半岛的屠宰技术才开始发展起来。

蒙古族是游牧民族,其饮食以肉食为主,所以蒙古人就将高丽人沉睡的肉食"基因"彻底激活了。当时来到高丽的蒙古人被称为"鞑靼人",由于高丽人不擅长屠宰,不少鞑靼人在高丽就以屠宰为生。《朝鲜王朝实录》中的《太宗实录》和《世宗实录》记载了鞑靼人生活在黄海道、平安道和咸镜道一带,延续着其固有的畜牧生活方式,包括挤牛奶和屠宰等。高丽王朝末期开

始，由于蒙古人饮食的影响，不仅因崇佛思想而被禁止的肉食文化得以复兴，而且受到元朝烹饪技法的影响，肉食类饮食的品种也变得丰富起来。1715年，朝鲜王朝肃宗年间，由洪万选（1643—1715）编撰的家政生活书《山林经济》所列的肉类烹饪方法中，60%是引用元朝的烹调书《居家必用事类全集》的内容，其中有将羊头煮熟后切成片的煮羊头，将羊肉煮熟后切片的煮羊肉以及用羊内脏做成的羊肉脍等方法，只需将羊肉换成牛肉，就跟现在韩国流行的牛头肉片、煮牛肉、牛鲜肉、牛百叶、生牛肝等的做法一样。朝鲜王朝时期宫廷中的牛肉粥和生牛肉片等，也是受到蒙古人的影响而诞生的饮食。但是蒙古人喜爱的黄油和奶酪没能在高丽扎根，这是因为朝鲜半岛牧场很少，很难饲养奶牛，而且韩国本土的韩牛产的奶很少，顶多只够做牛奶粥，不足以做黄油和奶酪。

曾有论文称，朝鲜王朝时期猪肉的烹饪方法有50种，羊肉的烹饪方法有29种，而牛肉的烹饪方法则多达149种。为什么有关牛肉的烹饪方法比猪肉羊肉的加起来还多呢？这是因为在朝鲜王朝时期，牛是非常珍贵的，从头到尾都可以吃，没有可以被丢掉的部位，所以针对不同部位的烹饪方法也就随之发展起来了。

第二节 “宰牛禁令”

朝鲜王朝将农业作为国本，牛是农耕时必不可少的生产工具。当时耕地、碾土、搬运东西等都需要牛来完成，在农业体系中，牛是一个家庭财富的象征。朝鲜王朝早在太祖李成桂在位期间就出台过“宰牛禁令”，禁止民众私自宰杀牛。太宗十五年(1415)，由于严重的干旱，王在膳食中撤销肉食并断酒，同时明令全国各地大小官员不得食用牛肉，就算牛为自然死亡，京城内也需由汉城府课税，京城外则需申请到官方明文后，才可以买卖，违者依律论罪。“宰牛禁令”是当时政府为了保障农业生产正常开展而下达的一道命令，但人们对牛肉的食欲不是一纸禁令可以挡得住的。

王室与贵族对牛肉的喜爱，并没有因为“宰牛禁令”而有所“退却”。定宗(1357—1419)的七子李德生曾出家，后听从世宗(1397—1450)的命令还俗，虽然他经历过僧侣生活，但在还俗后对牛肉还是非常喜爱，据说后来查抄他家的时候仅牛头就找出了35个。朝鲜王朝时代的暴君燕山君，也是一个嗜牛成性的人，爱吃并且会吃牛的各个部位。据记载，燕山君爱吃用牛心烤制而成的“牛心炙”，而且下令牛肉不仅可作为祭品，也可作为日常食物。燕山君是第一位提议将牛肉作为日常食物的王。

牛肉贩卖虽然被严格控制，但是挡不住贵族士大夫阶层的馋性，他们只要举办宴会，一定会有牛肉。因此民间对此意见很大，批评“宰牛禁令”对于统治阶层来讲就是“杀牛如杀鸡”。朝鲜王朝时代对牛肉的喜爱，是一种“前卫潮流”的象征，要是吃不到牛肉会被朋友们笑话的。当时官方放出的宰牛配额实在太少，大多数情况下，即使是贵族士大夫，虽然有一定的官方配额，也是“杯水车薪”，很多时候他们吃的都是没有批文的“盗版牛”。也有官员因为吃牛肉而获罪的。有一次，当时负责开发火药武器的官员为了庆祝实验成功，在宴会上吃了牛肉，但因为牛是未经国家许可而宰杀的，这群官员受到了严厉的处罚，其中多人被罢免和流放。

各级官员为了能吃到牛肉也会编造各种理由来抓牛，有些人抓到牛后说自己抓的是腿断了的牛，有些人干脆将牛推下悬崖摔死后说自己抓的是已经死的牛。当时，为了保佑马匹健康而向马匹祖先进行的祭祀被称为“马祖祭”，这样的祭祀最终却演变成了可以尽情享受牛肉的大好机会。为了享用牛肉，官员们甚至会直接在祭坛下举行宴会。各地方官员也“八仙过海各显神通”，例如咸镜道官员以修城墙为由，每天杀一头牛来吃。在朝鲜王朝时代，成均馆中求学的儒生是可以吃到牛肉的，这也是国家为了给书生补充元气特批的，成均馆也成为当时唯一在城内被允许宰杀牛的场所。牛肉对于儒生来说已经是一种不可或缺的日常食物，并且及第出仕赴任的官员也会给之前的前辈送牛肉作为礼物。

官方虽屡次颁布“宰牛禁令”，对宰杀牛的人加以处罚，但吃牛肉的情况屡禁不止，甚至中宗初年(1506)有大臣上奏“倾者群臣上下，宰杀日甚，几至牛只绝种”；之后到宣祖六年(1573)又有司宪府上奏“屠牛有其禁也，士大夫相对而恣食，无耻滥市”；《朝鲜王朝实录》中也提到宣祖三十五年(1602)，成均馆屠牛几乎到了“恣杀觳觫，日以十百”的程度。可见“宰牛禁令”反而增强了贵族士大夫阶层的特权优越感，甚至有逐渐放纵的趋势。

朝鲜王朝时代的人对牛肉的狂热就和当代人追求澳大利亚龙虾是一样的。因为对于这些食客来讲，吃到的除了一些美味的食物外，还有财富的味道，会使身心感到极大的愉悦和满足。朝鲜王朝时代，烹调用调味料并不多，所以牛肉这种天然的美味在当时紧紧抓住了人们的味蕾。宴请贵宾时，牛肉是不可或缺的主角，甚至是馈赠贵宾的厚礼。这个习惯一直延续到今日，每逢旧正和秋夕，韩国的商家们便会推出各种鲜牛肉礼盒，少则10万韩元(约人民币520元)，多则100万韩元(约人民币5200元)。

朝鲜王朝时代的人们对牛肉到底有多疯狂呢？肃宗九年(1683)，当时的大儒宋时烈在对王授课时就曾言对于牛肉“不得食则如不可生”，可见其对牛肉的挚爱。当时的大司宪许迟也曾对肃宗坦白过“臣常犯一百之罪”，讲的就是他平时经常违反“宰牛禁令”吃牛肉。甚至有人利用这种疯狂，以牛肉来进行贿赂从而平步青云。孝宗元年(1650)的水原府使边士纪本出身寒门,之后凭借掌握了“牛肉密码”,以牛肉作为敲门砖而迅速飞黄腾达。而且这在当时还不仅仅是个案,例如在英祖十七年(1741),丰德李郡守重泰对路过的宰相“屠牛设馔,媚于宰相”,后也受到了严厉的处罚。

在朝鲜王朝时期,私下吃牛肉的话,会被以“包庇宰杀犯”的罪名进行处罚;私宰牛的话,轻则被处以杖刑,重则甚至被判死刑。在“宰牛禁令”的重压之下,当时能吃到牛肉的人并不多,只有王室和“两班”贵族阶层才能吃到。物以稀为贵,所以牛肉在当时绝对是顶级食材的存在,一般家庭只有在非常重要的日子才能有机会得到一些散碎的牛肉用来做些牛肉汤喝。对于王室和“两班”贵族来说,牛肉可以用多种烹调方法来做,最终发展出了150多种牛肉菜肴,包括炖牛排、烤牛排、牛肉饼、烤牛肉片等,其中最有名的便是燕山君爱吃的牛心炙及“两班”贵族爱吃的雪下觅(설하멱,solhamyok)和暖炉会。

牛心炙是将牛心切成薄片,用调料(酱油、梨、糖、蒜末、姜末、葱、香油、盐、胡椒)调味后烤熟,口感筋道,堪称一绝。牛心炙源于中国晋朝时期大官周颛送牛心炙给王羲之的典故。当时牛心炙非常名贵,大户人家招待上宾时多有牛心炙。在一次宴会上,13岁的王羲之坐在一旁,虽不爱说话但他的英气聪慧已经显露出来,周颛看出王羲之将来必成大才,就把牛心炙首先让王羲之品尝。《晋书·王羲之传》记录道:“颛查而异之。时重牛心炙,坐客未啖,先割啖羲之。于是始知名。”所以,周颛可以算是王羲之的伯乐之一,一道牛心炙将王羲之和周颛联系在了一起。宋代唐庚在《次郑太玉见寄韵》中有“他时名誉牛心炙,晚岁穷空犊鼻裈”,清代赵翼在《桐山斋中杜鹃花》中有“况有牛心炙,兼烹雀舌芽”。周颛赠王羲之牛心炙的典故流传到朝鲜王朝时代的文人圈后,牛心炙就受到了他们的大力推崇,是招待贵客和极为亲近的朋友时必上的一道名菜,在当时的文人徐居正的文集和丁若镛的诗文中均出现过相关记载。

雪下觅是用刀将切好的牛肉敲软后,用签子串起来,抹上一层油,撒上盐,待调料入味后稍微烤一下再放入冷水中,然后拿出来再抹油、撒盐、烤制、放入冷水,如此三次,成品肉质软嫩、口味颇佳。高丽王朝因为崇佛,禁止吃肉，但随着蒙古人的影响，貊炙类，即烤肉类烹调技法开始出现，成为韩国烤肉的雏形。雪下觅在《西源方》和《闺合丛书》中均有烤制三次技法的详细介绍。《海东竹枝》记载了雪下觅是开城府自古流传下来的名菜，做法为将牛排或牛心用油和调味料调味，烤制半熟后在凉水中浸泡一会再用炭火大火烤熟，在冬天下雪的夜晚，可用作下酒菜，肉质鲜嫩可口。雪下觅出现的背景和“宰牛禁令”有极大的关系，当时由于执行“宰牛禁令”，能吃的牛并不多，平常人能买到的主要是由于年老不能再干活的牛或者是意外死亡的牛，牛的肉质普遍不好，比较硬。为了使硬质牛肉变得软一些，经过实践总结出反复将肉串放入冷水中冷却后再烤制会使牛肉肉质变软的方式。烤肉架出现后就不再将肉串起来烤了，逐渐形成了宫廷烤牛肉。这种做法虽然在朝鲜王朝时代的宫廷中有比较久的历史，但是在民间流行的时间并不长，直到20世纪60年代，烤肉才开始平民化，专门的烤肉店也随之在全国如雨后春笋般出现。雪下觅和宫廷烤牛肉最大的区别在于调料的使用，雪下觅比较注重牛肉的原味，既不放糖，也不放蜂蜜，更没有汤汁；而宫廷烤牛肉非常注重调料的腌制，根据《山林经济》，宫廷烤牛肉的调料有盐、酱油、酒、香油、醋、葱、面粉等。

朝鲜王朝初期，全国饲养的牛只有3万头左右。肃宗、英祖和正祖年代，饲养的牛的数量有所增加。朝鲜王朝后期，最多时饲养的牛有100万头，虽然明面上“宰牛禁令”依然存在，但已经不再像以前那样严格执行了，很少人会因违反“宰牛禁令”受到处罚，即使处罚也以罚金为主，而罚金对于富人阶层来讲，根本不是问题。可以说，韩国150多种的牛肉菜肴，就是在“宰牛禁令”大环境下人们对牛肉的迷恋中发展起来，且没有错过牛的任何部位，真正做到了物尽其用。

第三节 “两班”阶层的饮食

在朝鲜王朝后期,甚至还有正式的“吃牛肉日”。根据1849年的《东国岁时记》,按照当时的风俗,每当十月初一,就会在火炉里烧红木炭,在火炉上放上用来烧烤的铁网架,用油、酱油、鸡蛋、葱、蒜、辣椒粉等将牛肉腌好,大家围坐在火炉前一起烤着吃。这就是暖炉会,适合在野外很多人围坐在一起会餐时吃,是一种在“两班”阶层中有很高人气的食物。

不仅“两班”阶层喜欢这种暖炉会,王也喜欢。有文献记载,1781年的冬天,正祖曾经召集奎章阁、承政院和弘文馆的儒生们一起举行牛肉暖炉会,和如今烤肉一般,把烧炭的火炉放在中间,用油、酱油、葱、大蒜、辣椒粉调味烤着吃。当时,正祖以“梅花”的“梅”字为题,让在场的臣子们做七言绝句,可见暖炉会在宫廷中也很流行。

图4.1为古画《野宴》的局部内容,其用细腻的笔锋描绘的就是当时朝鲜半岛“两班”贵族进行暖炉会聚餐的场面。“两班”贵族和妓生们围坐一起,左下方的男人把毛坐垫让给了妓生,妓生用筷子夹着烤好的肉喂这个男人。

图4.1 古画《野宴》局部

汉城的几名高级官员在北村[1]聚餐，其中一名住在南村的官员带来了丰富的食物，令所有人赞叹不已。不久，住在东村的官员家的一名婢女拿着一个铜碗过来，里面放着10颗枣，东村官员拿过来吃了7颗，又将碗递了回去。南村官员家一起来的随从就感觉很奇怪，急忙追上东村官员家的婢女问："这是什么好吃的？"婢女回答："这是先将上好的红枣洗净去核，挖出中心部分的枣肉后用小火蒸熟，再将上好的牛肉、蒸熟的枣肉以及来自平安道边界附近的野山参拌匀后压紧，放回蒸好的红枣中，枣的两端最后分别嵌入一颗松子封口。这样做出来的红枣，10个值20吊钱。我们家老爷最爱这一口。"此话传回，在场的其他"两班"贵族皆自愧不如。

这是朝鲜王朝后期文人李钰[2]的文集中的一则小故事。在那颗小小的红枣中，野山参、牛肉配合枣肉融为一体，该是怎样的美味呢？光凭想象都感觉舌尖味蕾上满是香甜美好的味道，让人向往。不过20吊钱在当时足以买一座瓦房，可见这10颗枣的贵重，这一点零食就吃掉了一座房子，实在是奢侈。

在朝鲜王朝后期有关饮食文化的书籍中，记录"两班"贵族喜欢美食的故事有许多。许筠[3]除了是朝鲜王朝中期有名的文学家外，还是顶尖的美食家，是当时最早的"美食评论家"。他曾游历朝鲜半岛，寻遍山珍海味，还曾

---

① 朝鲜王朝时代，以清溪川为中心，位于笔洞和北仓洞下面的地区被称为南村，位于嘉会洞和三清洞上面的地区被称为北村。自古以来由苑西洞、齐洞、桂洞及嘉会洞、仁寺洞等构成的此地，位于清溪川和钟路的北方，因此被称为北村。现在所熟知的北村中心主要位于景福宫、昌德宫和宗庙之间，是在首尔有着600年历史的韩国传统居住区。在当时是王室、高官或其他贵族人士居住的高级住宅区，因而非常有名。

② 李钰（1760—1815），字其相，号文无子、花石子、梅花外史等，是朝鲜王朝正祖时期有名的文学家。李钰出身于政治上失势的武班庶族，其原本想通过科举来完成取得功名的愿望，但生不逢时，一生未能在仕途上施展自己的才华。

③ 许筠（1569—1618），为朝鲜王朝中期的政治家、诗人、小说家，出生于江原道江陵，本贯阳川许氏，字端甫，号蛟山、惺所，又号白月居士。其小说代表作是《洪吉童传》，开创了朝鲜半岛文学史上写实小说的起端。

以副使身份出使明朝，根据他品尝过的食物写下了《屠门大嚼》一书。该书中出现了熊掌、豹胎[1]、鹿舌和鹿尾等各地的美食，它们深受“两班”贵族的喜爱。其中熊掌为华阳、义州特色美食，豹胎为襄阳特色美食，鹿舌和鹿尾则分别为华阳和扶安饮食中最美味的食物。据说许筠是在流放之地，为了打发时间，同时也为了“怀念”下以前吃过的美食，才写下了《屠门大嚼》，但对于一个顶尖美食家，这个写作的过程可想是多么的痛苦。熊掌不单在《屠门大嚼》中出现过，在朝鲜王朝的菜谱书《饮食知味方》中也有记载，由此可知，当时的朝鲜半岛经常有“熊出没”。根据《屠门大嚼》内容改编的漫画和电视剧已经陆续问世，相关电影也在筹划中。

不仅仅许筠有这种饮食癖好，朝鲜王朝后期文臣成大中（1732—1812）在《清城杂记》中也曾记载“仁祖反正”[2]的权臣金自点（1588—1651）最喜欢的是刚刚孵化的雏鸡和做成人形的饺子。

当权阶级对于高品质美食的追求，不是在朝鲜王朝才有的，餐桌上的菜品一直以来都是区分阶级的重要标准。例如，法国王室招待宾客时，会把盛满食盐的盘子放在餐桌中央。这是因为当时，食盐是如同黄金一样的奢侈品。现在常见的许多调味品，如白糖、胡椒、生姜等在古代都是极其稀缺的。

我国作为朝鲜王朝的宗主国，对高阶美食的追求一直就是贵族阶级的专享。满汉全席作为中华饮食的集大成者，一般至少有108道菜，分三天吃完，其中除前面提到过的熊掌、鹿尾、豹胎之外，还有更为珍贵的鱼骨、鳇鱼子、驼峰、猩唇[3]等顶级食材。

正如英国著名社会人类学家、历史学家杰克·古迪（Jack Goody）在《烹饪、菜肴与阶级》中所述，“我们在欧亚大陆的每一种主要文化中发现的是一

---

① 豹的胎盘，为珍贵的肴馔。《韩非子·喻老》中有：“象箸玉杯，必不羹菽藿，则必旄象豹胎。”

② “仁祖反正”，又称“癸亥靖社”“癸亥反正”，是指1623年朝鲜王朝发生的一次武装政变。

③ 猩唇是古代著名的食材，是麋鹿（满语叫作罕达罕，也称“四不像”）脸部的干制品，是中国古代烹饪原料的八珍（猩唇、驼峰、熊掌、猴脑、象拔、豹胎、犀尾、鹿筋）之首。

种有关菜肴的冲突,而冲突的主题正是菜肴能否体现阶级性”,阶级差异显著的文化中,上层阶级更喜欢用珍贵稀缺的食材和烹饪方法,来为自己创造高级的饮食文化。因为上层阶级有着这种强烈的需求,所以选择多种多样的食材,创造新的烹饪技法,赋予新种类食物新的价值和意义就“顺理成章”了,上层阶级的餐桌也就变得越来越丰盛了。

第四节 韩式烤肉

炭火烤出的牛肉可以让人在享受烤肉滋味的同时也感受到人与人之间的情感交流,在寒冷的冬天里吃,更能得其真味。在朝鲜王朝时代,人们吃猪肉并不比牛肉多,多会用菜包肉的方式,直到现在,韩国烤肉最显著的特色之一是烤肉的时候会配以绿色蔬菜来包着吃,包肉用的菜以生菜和紫苏叶为主。韩国国产生菜从高丽王朝时代就非常有名,传到中国时,清朝史学家、书画家高士奇(1645—1704)在《天禄识余》中曾提及高丽生菜品质非常好,高丽使臣带来的生菜种子只有千金才能购得,所以生菜在中国又被称为"千万菜"。无论是肉类食物不丰富的朝鲜王朝时代,还是肉类食物极大丰富的当今社会,韩国人始终喜爱在火炉上品尝肉类被炭火炙烤出的美味,喜欢用蔬菜来中和油腻,喜欢和三五好友喝酒吃肉畅谈人生,就是喜欢这种浓浓的饱含人间烟火的味道。

现代烤肉是从朝鲜王朝时期的雪下觅发展而来的,如今已经成为韩国肉类饮食的代表,是最大众化的肉类饮食之一。韩国烤肉也是韩餐走向世界的一张响亮的名片。韩国人平时在家吃饭比较清淡,以汤类为主,配以两三个小菜,如泡菜、酱菜和蔬菜等,所以经常会约上家人和朋友"一起吃肉去",这时吃肉不特指的话,是指吃五花肉。现代韩国人也没有放弃对牛肉的执着,只是牛肉太贵,平时真的不能轻易吃,而猪肉的价格相对平民,吃起来没什么太大的经济负担。只有在特别需要隆重庆祝的时候,韩国人才会去吃牛肉,最高档的是韩牛。吃韩牛的话,即使"浅尝辄止",也需要每人将近人民币1000元的花费。当然,如果是进口的牛肉会便宜大约一半。一些售卖进口牛肉的店,特别是烤肉自助餐馆,就成了想吃牛肉但又没什么钱的年轻人的乐园,一到周末就人满为患。在韩国的公园、江边绿地等户外场所,会有人私自带着烤肉器具烤肉喝酒聚会,这让韩国政府十分头疼,同时也体现了韩国人对于烤肉和聚会的执着。

烤肉的做法虽然在古书中有详细的记载，但是民间做烤肉并没有特别的配方或菜谱，都是根据自己或家人的口味来做的，比如喜欢吃甜口的，准备酱料时就可以多加些蜂蜜；如果爱吃辣，就可以多放些辣椒粉；如果喜爱水果味道浓些的，就会放入苹果、梨、柿子等；也有为了让孩子多摄入蔬菜，在烤肉中拌入洋葱、胡萝卜、蘑菇、青椒等的。每家的烤肉都和其他家的味道多少有些不一样。当然如果不爱自己动手制作，可以在各大小超市肉类专区购买拌好调料的烤肉，回家上火一热就可以吃。

烤肉(불고기，bolgogi)这种食物出现在记载中的时间其实并不久，最早出现在1922年的《开辟》杂志中连载的由韩国近代著名小说家玄镇健所著的《堕落者》中，之后才被各种文献资料广泛使用。在朝鲜半岛光复前，韩语中“烤肉”一词只是平安道方言。光复后，该词就跟着民众一起来到了首尔。而在朝鲜平壤，烤肉在很久以前就是当地的一道特色美食。1935年，《东亚日报》曾报道平壤牡丹台的名产烤肉被禁止在野外烧烤，可见当时的平壤人对于烤肉的痴迷不亚于今天。据说，平壤牛鲜嫩美味，在当时非常有名。

下面看一下几种不同的烤肉的特点。

(一)肉汁烤牛肉

肉汁烤牛肉是将牛肉切成薄片，用调料腌制后备用，调料中多放果汁。烤制时将肉汁倒在铁盘边缘，腌制过的牛肉放在中间烤制。其最大的特点是把大量的蔬菜、粉条等和肉一起放在肉汁里烤熟。因为放了很多果汁，所以肉汁烤牛肉和其他的烤肉比起来口味偏甜。

(二)宫廷烤牛肉

宫廷烤牛肉的做法是将切得很薄的牛腱子肉或者牛腿肉放到调料酱中腌制好备用，将腌制好的牛肉放到烤架上烤熟后，再在上面撒一层松子粉作为装饰。调料一般多用蜂蜜、酱油、砂糖、香油、芝麻盐、大葱、大蒜、胡椒粉。现在很多烤肉都在用这个配方，只是各种料放的比例不同导致最终的口感各不相同。和一般烤牛肉不一样，宫廷烤牛肉需要把肉切得很薄，目的是让牛肉可以更快吸收调料的味道，烤出的肉质也更嫩。

(三)房子烤牛肉

“房子”在韩语中原指朝鲜王朝时代在官署跑腿的男人,或指在宫廷尚宫的家里做家务的保姆,是当时对为官府工作的杂役的一种称呼。电影《房子传》中的“房子”指的就是杂役,和住宅建筑并无关系。相传在朝鲜王朝时代,一个杂役在等待主人的时候被赐了一块生肉,他当场就找来炭火烤着吃了并连称美味,房子烤牛肉因此而得名。房子烤牛肉只用盐来调味,更加突出肉类本身的香气,在吃的时候只用葱丝和生菜来搭配。房子烤牛肉原本是因为房子身份卑贱,调味料价格昂贵用不起,没想到反而因突出鲜肉的原味而大受欢迎,实属无心插柳流传下来的一道美食。

(四)彦阳烤牛肉

彦阳烤牛肉是蔚山市彦阳邑的乡土美食,使用切得比较碎的当地特产牛肉,用调料腌制后烤制而成。当地自从日本殖民时期就设有屠宰场,1960年后,高速公路修建到了这里,修路工人偶然品尝到了当地的牛肉,对其赞不绝口,此后这种牛肉名声大噪,牛肉店也随着高速公路的开通多了起来。彦阳烤牛肉有几个特点:第一,宰杀的牛都是生育过一两头小牛的母牛,使用的肉都是宰杀不到24小时的鲜肉,在肉质处于最为新鲜的状态时进行烤制;第二,由于调料味道会盖住牛肉的鲜味,所以也有人只放盐来调味;第三,为了在烤肉期间保持一定的温度,同时抑制一氧化碳的产生,要从炭火中取出烧红的炭块,只使用泥土焖熄制成的白炭是彦阳烤牛肉的特点之一。制作彦阳烤牛肉时,要选择软嫩的牛肋间肉或牛里脊肉,切成0.3cm厚,用梨汁和洋葱汁腌制,使肉质变得更为柔软,然后放入调料,搓揉使肉入味。在烤架上烤制的时候,要特别注意别让肉煳了。也有人不喜调料味,会直接将生肉放上烤架并且只用盐来调味。

(五)光阳烤牛肉

相对于彦阳烤牛肉,光阳烤牛肉(见图4.2)的历史更为悠久。相传在朝鲜王朝时代,一位被流放到光阳当地的儒生被聘为先生,教当地金氏家族的孩子们读书,主人金氏夫妇为了报答儒生教导孩子的恩情,就将刚宰杀的小牛的肉用调味料调味,在炭火上用铜制烤架烤制后招待儒生。后来,儒生结束流放官复原职回到汉城，对在光阳尝到的烤肉味久久不能忘怀，评价道“天下一味，马老火炙”（“马老”是光阳的旧称，“火炙”就是烤肉）。所以光阳烤牛肉从那时便天下闻名。

图 4.2 光阳烤牛肉

光阳烤牛肉也是将牛肉切成薄片，和其他烤肉不同的是，其在烤制之前才用调料调味，然后直接放在烤架上烤制后食用。光阳烤牛肉的调味料一般有酱油、糖、梨汁等。使用的烤架为铜制，具有导热率高的特点，牛肉熟得快而透，肉汁饱满。制造光阳烤牛肉时要把肉在烤架上小心铺开，这样就可以尽可能多地散发出炭的香味。肉烤到红色血迹消失的程度，就可以品尝了。肉的新鲜程度特别重要，最好使用刚宰杀不久的小母牛。

关于光阳烤牛肉的由来还有另外几种说法。其中根据经营韩国餐厅的朴英熙口述，光阳烤牛肉是在20世纪30年代由其丈夫的奶奶首先开创的。另外一个说法是，在缺乏食物的20世纪50年代，光阳市内有三家肉店开在一起，好不容易等到宰牛的日子，老板们就会把亲朋好友叫来，免费给他们牛百叶等副产品。因为家境不富裕，过来白吃的朋友们通常只会买一些最便宜部位的牛肉，这些部位的肉质也是最硬的，人们不得已就把这些牛肉切成薄片，配上调味料后烤制，偶然用产自白云山的用橡木烧制的木炭烧烤，味道变得更好。从此，光阳烤牛肉的美味就经口口相传而闻名全国了，在光阳市内也就有了专卖光阳烤牛肉的餐厅。

光阳烤牛肉的特点是使用鍮器炭炉、木炭和铜烤架。鍮器炭炉可以防止木炭热量的散失,铜烤架可以维持烤肉的香味,调料一般在客人点餐后马上准备。无论客人再多,店家也不会使用在调料中腌制超过20分钟的烤肉,因为腌制时间一长,肉的原味就会被调料味道盖住。

第五章

韩食哲学

韩国饮食文化受到中国儒学文化的影响，除讲究阴阳调衡之外，还保持和发展了多种饮食哲学，比如“身土不二”“不时不食”“五色五味”“药食同源”等，长时间影响着韩国人的餐桌。

第一节 身土不二

韩国人给外界的印象是具有强烈集体意识的民族,非常团结,爱用本国生产的货品等,那么这种强烈的集体意识和饮食方面有什么样的关联吗?说到这个问题,就不得不提到“身土不二”一词。

“身土不二”一词中的“不二”原为佛教用语,最早出自大乘经。13世纪,中国元代僧侣普度法师创作的佛教典籍《庐山莲宗宝鉴》中有“身土本来无二相”的说法。该书包含了许多有关如何正确地念佛修养的内容,其中将佛教教义以诗的形式制成的一句偈颂便是“身土本来无二相”,即所有相反存在的其实都不是两面,而是一个整体,只是因性质变化而具有了不同的面貌,应一视同仁,与“圆融无碍”和“圆融无二相”的意思相近。

今天在韩国“身土不二”的含义与此不尽相同,被解释为“自己的身体和身体出生的土地不是两个方面,而应该是一体的”,即“自己出生地生长出来的东西跟自己应该是最合拍的”,所以人们应该吃那块土地上生长的东西,这是以“我们的东西是好东西”的认识,宣传人们爱吃本土食物的代表性言论。

其实我们能看出来,“身土不二”虽然可以包含“身体和土地不是两面而是一体”的意思,但并没有“出生在哪里就应该吃哪儿的本土食物”的含义。“身土不二”的原意强调包容,不搞对抗,现在却被韩国用作排斥国外商品特别是农产品的一句宣传语。

也有另一种说法,“身土不二”的理念出自17世纪朝鲜王朝名医许浚所著的《东医宝鉴》。当时由于中国医术中记载的许多药材在朝鲜半岛上很贵很难得到,平民百姓看病困难,所以许浚强调应该用朝鲜半岛土地上很容易就能得到的药材来治疗当地百姓,这一理念与中国古代“天人合一”的思想是一脉相承的。用现代的话说,就是“一方水土养一方人”。

20世纪60年代,韩国民间组织韩国农业协同组合出于维护农民利益的考虑,把“身土不二”作为口号进行推广,还推出了“农都不二”,意为“城市和农村是一体的”。从那个时候开始,“身土不二”的理念就开始深入人心,现在已经发展成为韩国人强烈的国货意识。在韩国,虽然经过长时间的不习汉字操作,大街小巷的招牌标识都换成了韩文,但唯有“身土不二”四个汉字经常醒目地出现在各式农产品的包装上和街边的标语上。现在这个口号已经深入韩国的每一个角落,甚至成了韩国人潜意识里信奉的真理。

喝惯美国的百事可乐和可口可乐的人,来韩国的话一定会感觉不太方便,虽然韩国到处都能看到饮料自动售卖机,但是有时很难看到里面有国外饮料,只有类似口味的饮料,不过都是韩国本土公司生产的。在韩国,西式汉堡可乐连锁店第一位的餐厅是哪家呢?答案是,不是肯德基,不是麦当劳,也不是汉堡王,而是韩国一家隶属乐天集团的本土企业乐天利亚。这家企业陆续推出了韩牛汉堡、米汉堡、拉面汉堡等兼具本土特色和创新特色的产品,这一点和在中国积极迎合本土口味在早餐时段卖豆浆油条的肯德基有得一比。同时,韩国人对于西式快餐也只在节假日买得多,平时还是以韩餐为主,参鸡汤、拌饭店、冷面店等韩式快餐店生意火爆。不仅如此,韩国义务教育中也会有专门教授如何制作传统食物(如泡菜、大酱汤之类)的课程,培养孩子们“身土不二”的概念。

在韩国,进口食品,特别是进口的肉类,都比韩国产的同种类食品便宜,正宗的韩国国产食品价格一般比国外产品贵一倍甚至好几倍。韩国产食品的价格虽然昂贵,但是由于“身土不二”的概念已经被大众奉为真理,韩国老百姓愿意为此埋单。例如韩国国产牛肉价格是进口澳大利亚牛肉、美国牛肉的两三倍,可韩国人还是爱吃韩牛,理由是外国牛肉的口感没有韩牛好,许多上班族的第一个愿望都是发工资后请父母好好吃一顿韩牛。韩牛在韩国已经是一个经由政府背书的驰名商标,是饮食界的奢侈品,这一点与和牛对于日本人是一样的。

在韩国可以体现“身土不二”的地方还有很多。例如在韩国烤肉店的烤肉盘、菜市场的遮阳伞、捆青菜的绑绳以及银行的存折上到处都是“身土不二”的身影。

有韩国人将“身土不二”的概念升华为爱国主义，即在自己的祖国绝对不能做有损国家和民族利益或伤害民族感情的事情，因为个人和国家是一体的，伤害国家和民族就等于戕害自身。在苹果手机问世以前，80%以上的韩国人使用三星、LG手机，基本上看不到国外品牌，电脑、电视、冰箱等家用电器的国产比例甚至更高。

“身土不二”虽然是韩国传统观念的总结，但其实已经隐隐有更深层的民族主义的含义。韩国消费者无条件地认为韩国货就是比外国货好，至于为什么，其实他们也说不出个一二来。

韩国三面环海，是半岛国家，国土面积狭小，农业资源稀缺，农业用地不到国土面积的17%，人均耕地只有0.6亩左右，是世界上人均耕地最少的国家之一。随着韩国经济的飞速发展，耕地面积还有持续下降的趋势，农业遇到了总体经济份额下降、农业人口减少和老龄化严重等问题。2018年，韩国农业总产值只有320亿美元，不到韩国GDP的2%，农业人口也只有250万，而且其中51%是60岁以上的老人，所以韩国农业总体其实十分脆弱。韩国政府为了稳定农业，分别在政策、资金、劳动力等方面加大扶持力度，推动农业向现代化农业和绿色农业方向发展。

韩国农产品自给率非常低，农副产品市场几乎是全面失守。由于土地经营面积小、土地价格高、劳动力成本高等，韩国农产品价格也水涨船高。据韩国消费者机构统计，韩国农产品价格比国际农产品价格平均高2.85倍。一个苹果要人民币20元、一个七八千克的西瓜要人民币300元，一捆小青菜要人民币30元，一棵大白菜要人民币45元等已经是再平常不过。由于各种原材料和人工劳动力的价格持续上涨，以及韩国农业协同组合的作用，在韩国，农产品价格会一直保持高位。

针对全球农产品自由贸易运动，近20年来，韩国农民是最为激进反对的，切腹自杀、服药自杀等都是抗争的手段。农民示威现场，警察会从始到终保持高度紧张。农民这样反对的背后，是他们大多负债经营，大部分欠款是因购买农业机械、种子、化肥等造成的，一旦农产品进口大门被打开，农产品价格大幅下降的话，他们将不得不面临“破产”的窘境。因此，韩国对外的几次自由贸易区谈判中，农业谈判都是最为艰难的。虽然韩国政府陆续完成了和重要商业伙伴国之间的FTA签订，韩国农业确实也受到了一定的冲击，但其实开放的程度并不大，除肉类等少数种类外，大部分农产品进入韩国还是要被征收高额关税。

目前，韩国国内餐厅所用食材均需进行原产地标识，一般商家都会标识韩国产，但是从电视新闻中经常会看到，有的商家为了提高利润会私自修改原产地。就拿韩国人每天都离不开的泡菜来讲，其国内生产的泡菜产量已经不能满足国内市场的需求，每年的进口比重约为35%，其中每年从中国进口的泡菜就有27万吨，餐厅中使用的泡菜89.9%为中国产，但大多餐厅会标识成100%韩国产泡菜，这其实都是为了迎合韩国人信奉的“身土不二”。除餐厅出售的食物之外，现在原产地标识已经扩大到了所有食物，配料表中都要明确各种原料的原产地。韩国人有时也非常注重鱼类的原产地，会滔滔不绝夸耀韩国产渔获这样好那样好。但是大家都知道的是，黄海是中韩共同的作业渔场，鱼被中国渔船打上来就是中国产，被韩国渔船打上来就是韩国产，唯一可能的区别是，韩国的渔船一般晚上出海，白天回港后会立即把当天的渔获直接售卖，比较新鲜，而中国的渔船一般货仓比较大，一周左右返回，渔获由于冰鲜或冷冻没有刚打上来时新鲜。

“身土不二”是韩国为了保护本国农业而进行的一项为期超过半个世纪的政治工程，甚至还辐射到了其他行业，使得韩国制造在韩国深入人心，很大程度上起到了团结国民的作用。

说到追求高档产品，韩国人并不比其他国家的人冷静多少，平时支持国货除“身体不二”这个信念之外，更深层次的原因是韩国产品本身的质量不错，对比高档国外产品来讲属于性价比高的，但是韩国国内对于中国产品的印象还是停留在山寨、劣质的阶段，新闻里尤其喜欢报道中国的负面新闻，食品安全方面尤甚，有时一些道听途说的新闻也会迅速在韩国传播，例如“假鸡蛋”“假大米”……这需要我国在对外宣传方面加大力度，改变我国在国外媒体上的这种被歪曲、被妖魔化的形象。

第二节 不时不食

“不时不食”出自《论语》，原文为“食不厌精，脍不厌细。食饐而餲。鱼馁而肉败不食，色恶不食，臭恶不食，失饪不食，不时不食，割不正不食，不得其酱不食”。仔细推敲的话，这是2500年前孔圣人提出的有关食品安全的“五不食”原则，即粮食陈旧霉变、鱼和肉类腐败变质不能吃；食物颜色不正常不能吃；食物的气味难闻的不能吃；错误烹调方式做的食物不能吃；不按节气上市、不按时机收获、不时新的食物不能吃。这是中国文献中有关食品安全问题的最早记录与警语。其中“不时不食”的具体解释就是要遵循自然之法，按照时令、季节，到什么时候吃什么食物。古人讲究“节律而食”，指的也是不吃不是时令的食物，饮食一定要符合时令节气规律。比如“冬鲫夏鲤，秋鲈霜蟹”，是考虑到了生物生长周期而总结出的规律，蕴含“天人合一”的道理。中医理论讲究人与日月相应，人的脏腑气血的运行是和自然界的气候变化密切相关的。根据《黄帝内经》，养生应该顺应自然、协调阴阳、积精全神、疏通经络，饮食方面要应时、应景、应季、应地。

朝鲜半岛上无论是曾经的高丽王朝还是后来的朝鲜王朝，都对中国的儒家思想特别是《论语》等经典推崇备至，所以对于孔子“不时不食”的观点是完全接受的，并且将其作为生活当中的一条重要准则，贯穿历史长河。在此理论下，节令饮食和时令饮食的概念就自然形成了。

在韩国，最具代表性的节日为秋夕和旧正，在这种重要的节日里最重要的仪式便是祭拜祖先，一些地方还会同时举行农业庆典礼仪等活动。当然，重要的节日中饮食自然也是主角之一，人们会选用当季的食材来制作符合节日气氛的特别食物，即节令饮食。

除了节令饮食，根据春、夏、秋冬季节的不同，用当季材料制作的食物被称为时令饮食。艾蒿和楤木芽(又名刺老芽)上了饭桌，就可以知道春天到了。这是因为它们是春天最先长出来的植物。此外，人们还能在丰富的野菜佐餐中感受到春天的气息。而当松茸(见图5.1)端上桌时,人们就知道秋天到了,这是因为松茸是秋季应季的食材。美味的钱鱼(见图5.2)也是秋季应季的食物,韩国有句俗语说"烤钱鱼的香味,就算离家出走的儿媳妇闻到了也会回来"。

图5.1 松茸

图5.2 钱鱼

节令饮食和时令饮食是韩国传统饮食文化中重要的组成部分,是韩国人在生活中与四季和自然和谐相生而形成的饮食文化。

一、韩国节令饮食

节令饮食可以说是农耕社会的韩国为了保证农业生产的成功而非常重视二十四节气的一个重要例证,是和韩国岁时风俗紧密相关的饮食风俗习惯之一。它是以地域自然环境和农业为主的生计特性为基础的,在佛教和儒家思想的影响下,在祖先崇拜的思潮下,和祈福、祈丰、免厄的观念相互连接、复合形成共鸣而产生的饮食文化现象。

节令饮食是土著性和社会性经过悠久的历史形成的生活意识的象征化,是农耕劳动者共同意识根深蒂固的表现之一。

一般从正月初一的旧正饮食开始,到正月十五的上元节节令饮食,接着就是立春节令饮食。二月初一是中和节节令饮食,然后就是三月初三的重三节节令饮食,接着就是四月初八的灯夕节节令饮食,五月初五的端午节节令饮食,六月十五的流头节节令饮食。进入下半年后,有七月到八月中的三伏节令饮食、八月十五的秋夕节节令饮食、九月初九的重九节节令饮食、十月的告祀节节令饮食、十一月的冬至节令饮食以及作为一年节令饮食收尾的十二月的腊享日[1]节令饮食。

旧正饮食、流头节节令饮食、秋夕节节令饮食和腊享日节令饮食都和崇拜祖先、祭祀祖先的文化有关,具有将当年新收获的食物让祖先首先品尝的意义。而中和节节令饮食、端午节节令饮食,蕴含着浓重的农耕礼仪意义。上元节节令饮食和告祀节节令饮食具有祈福免厄的意义。立春节令饮食、重三节节令饮食、三伏节令饮食、重九节节令饮食等则可看作在季节变换的时节充分享受自然、和自然交流的机会。并且,将节令饮食作为人体健康管理的契机,具有深远的意义。此外,灯夕节节令饮食则是深受佛教文化深远影响的生活意识的一个侧面的表现。

节令饮食的原材料都是在当季非常容易得到的,是当季多产、具有地域特色的材料。各节令饮食中以糕点为主。以大米和杂粮为基本材料,韩国人按照节令的不同,根据当季的气候和收获的农作物制作出不同类型的糕点。糕点作为一种从农耕时代发展而来的食物,是最具固有性和土著性的。正月初一,用白色无垢的白年糕来熬制年糕汤,祭祀祖先;正月十五,用大米和杂粮来做五谷饭;到了中和节,会做大松饼分给工人们吃,用黑豆和红豆制成的馅做成的松饼,其寓意为"幸福",可搭配泡菜吃,是非常受欢迎的食物。

重三节和重九节吃的花煎饼(杜鹃花煎饼、菊花煎饼)是带有当季盛开的鲜花的花香的美食糕点。吃着花煎饼,在春天和秋天野游,可充分体验与自然融为一体的美妙感觉。

端午节吃的车轮饼(山牛蒡蒸糕)是一种捣饼,其以大米为主料,加入当季多产的香草山牛蒡。香草山牛蒡在夏季一方面可以起到药饵的效果,另一方面可以弥补存储了一年的陈米在味觉上的不足。

下面我们按照一年时序来依次具体介绍各节令饮食。

---

① 腊享日:冬至日后第三个未日。

(一)旧正节令饮食

旧正的时候会准备白年糕汤、饺子、韩食八宝饭、糯米糕、果饤类、油煎鱼、绿豆煎饼、甜米露、水正果、酒(凉酒)等食物。

其中韩食八宝饭是将泡发的糯米上屉蒸,熟后加入酱油、蜂蜜、白糖等拌匀,然后重新上屉蒸熟,是蒸制的糕饼中唯一使用整粒糯米的食物。

果饤类是韩国传统点心,包括药果、油果、正果、茶食、江米块等。与新鲜水果相比,果饤类是经加工制成的食品,作为水果的代用品,所以也被称为“造果”。果饤类在中国汉代时被引入朝鲜半岛,所以又被称为“汉果”,后来为了与外来果子“洋果”区分而被称为“韩果”。另外,在朝鲜半岛上“果”字首次出现是在《三国遗事》中,该记载称在首露王庙祭祀中用到了果子。祭祀用的果子本来是天然的水果,在没有水果的季节里,也常用谷粉制成水果形态,在上面插上果树的枝条作为祭品。

药果是在面粉中加入蜂蜜和油,揉成面团,油炸后蘸汁而成的一种韩果。蜂蜜被认为是“良药佳补”,因此这种果子被称为“药果”,受到男女老少的喜爱,常用于婚礼、祭祀等场合。

油果是将糯米粉调制成糊状,蒸熟后搅成含空气的麻花状,干燥后用油炸制并涂抹甜水等制成的果子。虽然制作起来有些费力,但油果口感酥脆,入口后慢慢融化,是孩子们非常喜欢的点心。油果以前主要用于祭祀,现在常作为贺礼或喝茶的点心而大受欢迎。

正果是用水果或其他可食用植物的根、果加入蜂蜜熬制而成的,常常被称为“煎果”。正果还可以再分为表面黏糊糊的黏正果和蘸砂糖的干正果。在茶点桌上按颜色、口感等摆上各种正果,本身就是一道靓丽的风景线。

典型的茶食是指将未煮熟的面团蘸上蜂蜜,放到茶食模具中进行定型制作,主要在喝茶时一起食用。茶食甜而不腻,口味清爽,而且大小适合一口吃掉,不会掉渣,是人们喜爱的糕饼。使用茶点模具能够刻上“福”“寿”字等各式各样的图案,因此茶食成了聚会上不可缺少的高级糕饼。

江米块的做法是将坚果或谷物等炒热后,放在混合了砂糖和糖稀等的开水里,做成板状后切成块,是比较常见的糕饼。江米块中有大米、黑芝麻、松果、黑豆、花生等，并嵌入了松子或南瓜子，所以它既能提供丰富的营养，又自带浓郁的香味。

另外，比较有代表性、最普遍的旧正食物就是白年糕汤和凉酒了。旧正节令饮食和祭祀有关。韩国人非常重视祭祀，一般在旧正和秋夕这两个重要节日，无论身处哪里，都会尽量回到家中。这两个节日前后在韩国也会形成类似中国春运一票难求、高速公路拥堵等场面。旧正和秋夕两节，全家团圆，要举行盛大的祭祖仪式，祈求祖先保佑。所有好吃的要先摆到祭祀桌上，水果要把头削掉，用意为先让祖先尝尝味道。图5.3为韩国家庭旧正祭祀祖先时常用的布置。

图5.3 韩国家庭旧正祭祀祖先常用布置

年糕汤是将年糕煮在高汤里的食物。一般是把白年糕切成薄片使用，但每个地区也会使用有地域特色的年糕。例如，开城使用蚕茧模样的年糕，忠清南道和全罗道使用粳米粉烫面做的生年糕。韩国人常说，旧正时吃了年糕汤，就等于长了一岁。年糕汤是在一年开始的时节吃的食物，所以具有新年开端的意义。

（二）上元节节令饮食

满月明亮的月光自古便作为驱退黑暗、消除病灾的使者深受古人的崇拜。所以，古时朝鲜半岛的人们会在上元节当天举办各种仪式，祈求村子的守护神可以帮助人们摆脱疾病和灾祸，健康地度过一年。记载中也有放火鼠等多种游戏形式，但是流传到现在的只有节令饮食习俗。

上元节当天最具代表性的节令饮食是坚果、耳明酒、五谷饭(见图5.4)以及药食、福裹、陈菜等。吃坚果的风俗是在上元节早上将栗子、核桃、松子、银杏等坚果的外壳剥掉,然后在吃掉坚果的同时,把壳扔得远远的,这被称为“嚼疖”。这样做据说可以保证一年不生龋齿,故而也被称为“固牙之方”。另外,据说在上元节早上喝一杯凉酒的话,耳朵会变得更加清明,会听到更多好消息,所以这种酒被称为“耳明酒”。五谷饭是用五种谷物混合而成的杂粮饭。将海苔涂抹上油和盐烤制,或将马蹄菜晒干煮熟后再炒成宽大叶状,然后包着五谷饭吃。这种用菜叶包饭的形式被称为“福裹”。韩国人非常爱用菜叶包饭配合肉食一起吃,是一种非常健康的饮食习惯,现在包饭在韩语中为“보쌈”,而福裹在韩语中为“복쌈”,可以看出包饭的原型其实就是福裹,在后面的流传中,为了发音方便,收音“ㄱ”逐渐消失了,如果只看“보쌈”,其字面意思仅为“包裹”,原先“包裹福气”的意义却没有多少人知道了。

图5.4 五谷饭

此外,还会把南瓜干、茄子干、马蹄菜、球子蕨、蕨菜、蘑菇、干萝卜缨、干匏瓜条等九种陈菜炒制后,配合五谷饭一起吃。这些陈菜是往年从春季到秋季晒干备用的,一般要储存到上元节前后。陈菜炒制的时候要多放香油,而且一定要放点酱油味道才会好。九为极大数,代表着丰富,每个家庭都会根据自身条件和当前季节来准备不同的野菜。

(三)立春节令饮食

立春的节令饮食为五辛饭(见图5.5)。五辛饭是利用山野间寻得的刚从雪下新鲜发芽的五种辛辣野菜,用芥末、醋、盐等调味而成的新鲜拌菜。五种辛辣野菜一般为葱芽、山芥、辛甘草、水芹菜芽和萝卜苗,也可用黄葱和韭菜等有辣味的蔬菜替代。

图5.5 五辛饭

在慵懒又没有胃口的春天里，人们开始寻找新长出的可以刺激味觉重新清新起来的食物。立春后，吃着寒冷冬天里无法吃到的新鲜野菜，放松整个冬天蜷缩的身体和心灵以迎接充满生机的春天。在韩国，有在春季用新鲜野菜拌好后招待长辈的习俗，吃着雪底下刚长出的新野菜来迎接春天的风俗不仅能提振整个冬天失去的胃口，还能补充冬季缺失的维生素等营养成分。五辛饭所用野菜都有强烈的辛辣味，十分开胃。

据《东国岁时记》，京畿道山区向宫中进贡了包含黄葱、山芥、当归芽的五辛饭。《闺壶是议方》也记载了冬天可在地窖里种植当归、山芥、葱等食物。宫廷中将黄色野菜放在饭桌中央，将青、白、赤、黑四色野菜放在旁边，中央的黄色野菜代表王权，四色野菜代表各党派，五色野菜拌在一起表示超越党派、团结一致的政治和解之意。王还将收到的进贡而来的五辛饭赐给大臣，并嘱咐他们在朝堂上要团结一致。可以看出五辛菜便是英祖时期推出的荡平菜的前身。后来朝鲜王朝时代的王们为了推行公平政治，屡次用荡平菜来推行荡平策，这一部分在后面的“五色五味”一节将会详细介绍。

在民间，立春时也会吃五辛菜，象征着家人和睦，以及做人要做到仁、义、礼、智、信，并强调其意义。农家月令歌中有“如果把黄葱和水芹菜拌在一起，你会羡慕五辛菜吗”的表述，所以可推测，五辛饭是上流阶层才能吃到的食物，老百姓能吃到的只是山野里略带苦味的野菜。

中国北宋高僧宗赜所著的《禅苑清规》中记载了寺庙里禁止僧侣吃“五训”，这里的“五训”就是指五辛菜，包括野蒜、大蒜、韭菜、葱和洋葱。这是由于他们认为五辛菜具有刺激性味道，会刺激人的神经，从而引起烦恼，妨碍修行。所以在寺庙中就用海带、苏子叶、藿香叶、桂皮、蘑菇等来代替五辛菜。现代由于塑料大棚技术的广泛应用，一年中可以在大棚中种植任何野菜，所以春野菜就变得没有太大意义了，这也是一件令人感到可惜的事情。近年来韩国各地每年都要举行多种有关春野菜的庆典，例如雉岳山的山野菜节、山蓟菜节、马蹄叶菜节，以及太白山的野菜节等。

（四）中和节节令饮食

二月初一是中和节，从这一天开始，新一年的农业生产劳动就要展开了。这一天也被称为“奴婢日”，主人家把松饼做得大大的，分给做工的人吃，寓意为“吃好喝好”，让他们在新的一年里为主人家尽心尽力。另外，正月十五的时候，农家也会从院子中立着的稻秆上摘稻穗来制作糕点，按照长幼辈分分给奴婢们吃。

（五）重三节节令饮食

三月初三是秋天飞到南方过冬的燕子回归的日子。重三节的节令饮食主要是为野游而准备的食物，有杜鹃花饼、花面、金达莱花菜、香艾团以及荡平菜等。古时，到了重三节，各地的书生们便会准备此类节令饮食，到田野里踏春举行诗会，享受春天的气息；女子们也会结伴外出游玩。三月初三在中国被称为“上巳节”，《论语》中所记的“暮春者，春服既成，冠者五六人，童子六七人，浴乎沂，风乎舞雩，咏而归”描写的便是上巳节踏春游玩的画面。《兰亭序》中“流觞曲水”也与上巳节相关。所以可推测重三节极有可能源于中国的上巳节，后世可能由于节日的日期为三月初三，更多人习惯称其为重三节，对于其本来的名字反而知道的人越来越少了。

（六）灯夕节节令饮食

四月初八是佛诞日，在韩国佛诞日的晚上会举行燃灯会予以庆祝。中国灯会的日期一直是正月十五，而《三国史记》中有关燃灯会的记载显示新罗景文王六年（866）的燃灯会的日期也是正月十五，后期到了朝鲜王朝燕山君时期，因强力推行抑佛政策，关闭了汉阳城内全部寺庙，僧侣只能在每年的佛诞日也就是四月初八当天才能出入都城。所以当时到了四月初八，附近的寺庙会进行燃灯法会，汉阳城内的百姓会大量前往拜佛观灯，该习俗也就延续了下来。到了1975年，韩国政府干脆将四月初八指定为公休日，在2020年韩国还将燃灯会申遗成功，但究其源头其实是中国的正月十五灯会。灯夕节当日韩国每家每户都会竖起灯杆，并且在最上面插上野鸡尾巴上的羽毛当作旗帜，按照子女的数量把相应数量的灯挂在门前。

在这天会避免吃肉、鱼等荤腥，而特意做榆叶饼、炒黄豆以及拌水芹菜等素食饮食。榆叶饼是用摘下的榆树嫩叶，拌入粳米粉，然后上蒸笼蒸出的糕点，有淡淡的柔和的香味。寺庙里还会用厚厚的铁锅炒制黄豆，在灯夕节当天分发给路人以结佛家善缘。另外，在四月初八前后，新下来的水芹菜会散发出淡淡的香气，正是应季蔬菜，将其在沸水中稍微焯一下，用酱油、油、芝麻盐、葱、大蒜末和醋等拌在一起，是灯夕节最具代表性的节令饮食。

宫廷中在四月初八一般会吃绿豆年糕、艾蒿糕、花饼、青红糯米糕、石耳团子、拌面条、海参饼、牛腩熟肉片、神仙炉、蒸鲷鱼、刀鱼生鱼片、鲷鱼生鱼片、凉拌水芹、水正果、莼菜花菜、青面、猪肉片肉、新鲜果品、熟实果以及新腌制的泡菜等。

（七）端午节节令饮食

端午节在韩国又被称为戌衣日、天中节、端阳节等。端午节这天便是夏季炎热天气的开始，女子们会用菖蒲煮水洗头，将菖蒲根削成簪子，并刻上“福”“寿”字样后插在头上以图好意头。《星湖僿说》一书中有“粽子、蒸糕、水团是端午节的节令食品”的说法；《牧隐集》中也有“菖蒲金酒杯上飘着窗花”的句子，可见在高丽王朝时期就已经将菖蒲酒作为端午节的节令饮食了。端午节正午也就是中午十二点时，人们会采摘艾草和益母草，放在阴凉处晒干供一年内使用，这是因为他们认为正午时分的阳气最足，摘下的艾草和益母草最好。有枣树的人家，在端午节这天会对枣树进行插枝，他们认为在枣树两根枝条中间插上石头，枣树就会多开花结果，这种嫁接被趣称为“把枣树嫁出去”。据说，这天对其他果树剪枝，果树将来也会多结果。

韩国端午节的代表性节令饮食是车轮饼和醍醐汤，这点和中国吃粽子是不一样的。车轮饼是韩国端午节时家家都要做的节令食品。这种饼是将粳米粉在蒸笼中蒸熟，和焯过水的山牛蒡叶混合后放在臼中或案板上长时间敲打，制成略厚的圆形，然后用模具冲压出车轮的形状。这是捣饼类中的一种片状打糕，只不过在端午节和山牛蒡一起混合做成车轮模样。

不同于车轮饼，醍醐汤是宫中内医院专门为王进献的药饵性饮料，既属于保健药又属于冷饮，可以说是朝鲜半岛最早的功能性饮料。据说，常喝醍醐汤，可以不惧炎热，健健康康地度过盛暑。醍醐汤的材料有乌梅末、白檀香、缩砂和草果等，将它们全部磨成细粉，用水煮开后放入蜂蜜熬至黏稠为止，放入瓷制小罐中保存，喝时用冷水冲服即可。据说，醍醐汤可使人内心清凉，并且其所具有的淡淡香气会久久不散。

宫廷中的端午节节令饮食有蒸糕、鱼子汤、鳓鱼饺子、樱桃花菜、醍醐汤、鲜水果、山牛蒡蒸糕（车轮饼）和艾蒿糕等。

（八）流头节节令饮食

六月十五被称为“流头节”。当天人们要到位于东边的溪水中洗头，寓意为“消灾去难”。因在该节日用流水洗头，所以该节便被称为“流头节”，该节日中聚会的宴席被称为“流头宴”。人们在节日当天会去山谷水溪等风景宜人处游玩，欣赏一天的自然风景，还可以享受美食，好不惬意。

在节日当天，下水戏水和准备野游食物的风俗从新罗时代就流传了下来。随着这种传统的延续，以及所有行为举止都需遵守儒家规范，各家各户必须举行的“流头茶礼”又成了一个习俗。

流头节前后正是收割小麦的时节，因此，在流头节祭祀中，会用新收割的小麦为主材料制成的小麦煎饼，再加上新摘取的香瓜作为主要的祭品。作为流头节的节令饮食，最普遍的食物就是加入嫩南瓜的小麦煎饼，打糕水团、大麦水团、流头面等也比较常见。

小麦煎饼是将面粉用水调开后，将嫩南瓜切成丝放入，搅匀后适量放入饼铛用油摊成圆形的薄饼。水团类糕点类似于我国南方人常吃的没有肉馅的小圆子。流头面是将新小麦粉和成佛珠状小圆球，并涂上黄、赤、青、白、绿五色,用彩线三个三个地串起来挂在大门上,据说这样做可以避免厄运。

流头节节令饮食还有饺子、凤仙花花饼、甘菊花饼、雁来红花饼、鸡冠花花饼、九节板、芝麻汤、鱼烩菜、覆盆子花菜、霜花饼等。

(九)三伏节令饮食

三伏节令饮食是指在初伏、中伏、末伏期间使人们能够战胜酷暑的食物,具有代表性的便是参鸡汤或者一些地方做的狗肉汤。参鸡汤和狗肉汤都是具有滋补效果的食物。通常,参鸡汤或狗肉汤在初伏日、中伏日和末伏日当天各吃一次,有时也可用香辣牛肉汤来代替。

另外,也有风俗在伏天当日,到山水秀丽的地方作诗、饮酒,泡在山泉水中,避暑降温。外出避暑的时候,还会带上用红豆和大米一起熬制的粥来解暑,其中还蕴含祝福之意。

其他在三伏天可以吃到的时令饮食有水团、片汤、芝麻年糕、蜂蜜蒸糕、糯米面甜油糕、闺雅相、荏子水汤、泡菜冷面、炖小鸡、鱼烩菜、覆盆子花菜、酱泡菜等。

(十)秋夕节节令饮食

八月十五是韩国的秋夕节,又名中秋节,这时正是当年新谷、新鲜水果成熟后收获的季节。最具代表性的节令饮食是新米松饼(见图5.6),还有芋头汤(即用芋头煮出的清澈的酱汤),用当季蔬菜做出的华阳炙,用小鸡做出的炖鸡,用新豆子(青豆)和米混合做成的青豆饭。

图5.6 新米松饼

秋夕在韩国是旧正之外另一个最重要的需要进行祭祀礼仪的节日,节令饮食在家人吃之前要先祭祀祖先,摆桌和旧正时祭祀摆桌类似,不过摆出的节令食物稍有不同。松饼是喜庆节日做得最多的糕点,例如在中和节就会做大松饼给做工的人吃,其他节日也会做松饼。秋夕松饼的特殊之处在于要用新收获的米来制作,放入新收获的青豆、栗子、大枣等,有明显的庆祝丰收的意义。

芋头以前只在以首尔为中心的朝鲜半岛中部地区种植,秋夕节前后才会收获。因此,芋头汤并不是全国性的秋夕节日食品,但随着商品流通范围的扩大,最终韩国各地方都可以食用到芋头汤。芋头汤是先用瘦肉熬出高汤,将芋头去皮后放入高汤中后稍微煮一会,再放入海带混合煮熟调味的一种汤。

(十一)重九节节令饮食

九月初九在韩国被叫作重九节,也就是我国的重阳节。菊花在这个时节盛开,所以这个节令的代表性饮食就是菊花煎和菊花酒。在饮食中加入象征农历九月的菊花,可以使人充分感受到这个季节的香气。此时的菊花多为花朵较小的黄菊花,不仅在野外,在家中也十分容易栽培。在旧时,酿酒业还没有被规定为国家专卖之前,各家都会酿造一些家酿酒,以备祭祀和红白喜事用。根据季节不同,酒的种类也不同。

根据《四时纂要》,按照清酒一斗、菊花二两的比例,把菊花放在丝绸袋中,然后把丝绸袋吊在清酒的酒面上方一指处,让菊花香袋将酒熏一夜后,即可饮用。只要菊花的香气,花瓣却不落酒中,这其实和中国的一些花酒(如桂花酒)的制作工艺是一脉相承的。

此外,还会用其他方法来酿酒,例如将甘菊花的汁液和酒曲以及酿酒用的糯米饭一起混合后来酿酒。

(十二)告祀节节令饮食

十月是一年里秋收结束后向祖先神灵进行告祀的时间。告祀节是每家每户盘点收获后向祖先汇报工作的节令,祈求祖先继续庇佑后世子孙风调雨顺、家族兴旺。

告祀中用得最多的是糕点,尤其是用粗红豆沙和粳米隔层放置后蒸制而成的告祀糕[①]。告祀糕是韩国传统糕点中最普遍的一种,红豆沙的红色被认为可以驱除邪祟。

---

① 告祀糕:秋收结束的时候,各家为了祈求家中安泰,会以感恩之意进行祭祀。祭祀用的红豆和粳米一起做成的蒸糕就被称为“告祀糕”。

(十三)冬至节令饮食

冬至是一年中白昼最短、黑夜最长的一天。从这一天开始,白昼就渐渐变长了。冬至那天一定要吃的节令饮食是用红小豆熬制的红豆粥,还会配以小食。(见图5.7)冬至当天吃红豆粥之前,需要先在祠堂里祭祀冬至,然后将红豆粥喷洒在大门或墙壁上驱除恶鬼,再让家人吃。冬至的红豆粥一定要用糯米做成小圆子放进去,而且小圆子的数量是需要按照食用者各自的年龄放入的,这是只在冬至才有的独特习俗。

图5.7 红豆粥及配粥小食

(十四)腊享日节令饮食

将捉来的麻雀做成烤麻雀,是腊享日的节令饮食。另外,也可使用山间捕获的野猪和野兔的肉来作为腊享日祭祀的食物。

从上面可以看出,韩国受我国儒家文化的影响,基本上延续了我国的节令体系。同时也可以看出,韩国对传统节令保持得还是比较好的,无论民间还是政府都会组织各种节令庆典活动,这对文化传统的继承起到了重要的保护作用。

表5.1整理了各节令及相应的节令饮食,以方便读者查阅。

表5.1 韩国节令及节令饮食表

时令	节令名称	代表饮食
正月初一	旧正、岁首	年糕汤、凉酒、饺子
正月十五	上元节	坚果、耳明酒、五谷饭、韩食八宝饭
正月中	立春	五辛饭
二月初一	中和节	大松饼
三月初三	重三节	杜鹃花饼、花面、金达莱花菜、香艾团以及荡平菜等
四月初八	佛诞节、灯夕节	榆叶饼、炒黄豆、凉拌水芹菜等

续表

时令	节令名称	代表饮食
五月初五	端午节	车轮饼、醍醐汤
六月十五	流头节	小麦煎饼、香瓜、水团类糕点等
七月—八月中	三伏	参鸡汤、狗肉汤等
八月十五	秋夕节、中秋节	松饼、芋头汤等
九月初九	重九节	菊花煎、菊花酒
十月	告祀节	告祀糕
十一月	冬至	红豆粥
十二月	腊享日	烤麻雀、野猪肉、野兔肉

二、韩国时令饮食

时令饮食是指选用应季食材制作的或根据季节做的食物。我们就以花煎饼为例来进行说明。韩国人在春天用金达莱花、夏天用小玫瑰、秋天用菊花、冬天里没有鲜花就用大枣做成花瓣状来做花煎饼。这种时令饮食只和季节有关,在当季享受当季的食物,和为了特定节令准备的节令饮食多少还是有些不一样的。相比较而言,节令饮食具有浓厚的传统和民俗意义,时令饮食则是更能体现出人与自然和谐统一的饮食生活方式,这是因为时令饮食本身就是以农业和自然环境为中心、以四季明显变化为特征的。由于不同地理环境的影响,每个季节都会生产和收获不同的食物。

表5.2为韩国各季节丰富多彩的时令饮食。

表5.2 韩国时令饮食表

季节	饮食
春天	春野菜、艾蒿汤、松糕、艾蒿松饼、杂果饼、豆沙饼、山饼、丸饼等
夏天	黄鱼饺子、鸡丝刀切面、嫩南瓜小麦煎饼、清炖童子鸡、参鸡汤、香辣牛肉汤、狗肉汤等

续表

季节	饮食
秋天	五谷百果、华阳炙、芋头汤、大枣、蜜饯栗子等
冬天	腌泡菜、酱曲饼、蒸糕、砂锅、悦口子汤(火锅)、饺子、冷面、水萝卜泡菜面条等

时节不同,菜肴不同,看看餐桌上的饭菜,就可以知道季节变了。韩国一年四季都离不开泡菜,没有泡菜的韩餐是不完美的。韩国人一年四季吃的泡菜的种类是根据季节在不断变化的,看着桌上的泡菜的种类就能知道大概的季节。春天有春菜泡菜、葱泡菜、春芥菜泡菜等;夏天有小萝卜泡菜、韭菜泡菜、黄瓜泡菜等短期发酵泡菜;秋天是大白菜和萝卜收获的季节,可以吃小伙泡菜、葱泡菜、苦菜泡菜等;到了冬天,可以吃大白菜泡菜、包饭泡菜、萝卜块泡菜、水萝卜泡菜、大白菜萝卜泡菜等。

在让人品尝享受每个季节味道的同时,时令饮食还兼有补充人体缺乏的各种营养成分的意义。每个季节的日照量、风的大小、气温、湿度都不一样,各种食材是在当时的自然环境中生长而成的,含有当季恰当的营养和味道。比如在春天食用富含维生素等营养成分的蔬菜,对身体有益,还能品尝到春天的清新,感受欣欣向荣的景象;夏天里吃的补养食物可以使人体快速恢复因炎热而下降的体力;秋冬季的补品则大多脂肪丰富,能够帮助人们抵御寒冷。

时令饮食不是谁规定的应该吃什么,而是顺应大自然的选择,人人都可以非常容易制作的以当地当季食材为基础的食物,是一种可以充分享受生活的饮食风俗。我们不妨现在就放下手头的工作,去了解下身边最美味的应季食材是什么,今天就可以做来尝一尝。

第三节 五色五味

韩国人非常推崇中医的五行理论，饮食文化方面在各种食材的性质认定上通常也会按照五行性质来分，五行又对应五色和五味，进而对应人体内的五脏六腑和经络。在韩国饮食文化中，人们要按照“五色五味”来吃，不能违背自然规律，这样才能最大限度地保养身体、保持健康。

一、五方色

韩餐中有很多菜品会使用五方色概念，在兼顾美味的同时，形成了独特的视觉表现。并且韩国是多年始终如一地使用五方色，对外也形成了看到五方色就可以联想到韩餐的条件反射。

五方色也称五方正色，指黄、青、白、赤、黑五种颜色，是以阴阳五行思想为基础的。五行以中心和四个方向为基础，黄色为中心，青色为东，白色为西，红色为南，黑色为北。

《周礼》中有关于玉器颜色分类和祭祀方位的礼仪，即“以玉作六器，以礼天地四方，以苍璧礼天，以黄琮礼地，以青圭礼东方，以赤璋礼南方，以白琥礼西方，以玄璜礼北方。皆有牲币，各放其器之色”。这段记载虽从严格意义上来讲只符合秦汉时期的礼仪结构[20]，但其以颜色来作为空间和方位的象征，五方色与之是一脉相承的。中国南北朝梁朝皇侃曾说：“正谓青、赤、黄、白、黑，五方正色也。”《通典》中有“旗身旗脚，但取五方色，回互为之”的说法。

黄色在五行中属土，被视为最高贵的颜色，一般用于皇室和王室；青色在五行中属木，是万物生长的春天之色，是驱鬼祈福的颜色；白色在五行中属金，寓意为“清白、真实、纯洁”等，朝鲜半岛的人们历来就喜欢穿白色衣服，自称“白衣民族”；红色在五行中属火，寓意为“生成和创造、热情、爱情、积极性”，被当作最厉害的辟邪的颜色；黑色在五行中属水，是象征掌管人类智慧的颜色。

在韩国,五方色和阴阳五行思想在日常生活中仍有许多实际反映。例如,在婚礼上,新娘子要涂抹胭脂来驱邪;为了挡住坏运气并祈求健康长寿,会在小孩周岁或者节日里给孩子们穿上彩袖上衣;在韩国人视作家庭运道走势晴雨表的酱油缸上挂上辣椒、围上金线,以祈求好运常在;宴席上给面条浇上五色浇头;用红黄土盖房子,或在新年画一个红色的护身符;五色在宫殿、寺庙等的壁画和雕刻作品中随处可见。

二、五色五味

“食为五福之一”是韩国人经常挂在嘴边的一句话,充分表明了他们对饮食的重视。阴阳五行在饮食中也有大量的应用,最具代表性的就是“五色五味”。

“五色五味”理论源自中国现存最早的中医理论经典典籍《黄帝内经》,这一理论被后世总结发展并指导于人体生理和病理的研究、疾病防治和诊断以及养生保健等方面。《黄帝内经》根据“天人相参”“天人一体”的理论,将人体的脏腑、组织等与自然界中的相关事物联系起来,形成了“四时五脏阴阳”理论体系,即根据阴阳、五行理论,以五脏为中心,按照功能、性质相同或相似原则,采用取类比象的方法,将天、地、人三个领域的事物进行五行归属分类,内系五脏(六腑)、五体、五官、五华、五音、五色、五味、五态等,外应五时、五气、五方等生理结构体系,“五色五味”理论即应运而生[21]。

韩国中医药理论著作《归经》中有关于“五色五味”的说明是:色蓝,味酸属木,归入足少阳胆经和足厥阴肝经;色红,味苦属火,归入手少阴心经和手太阳小肠经;色黄,味甜属土,归入足太阴脾经和足阳明胃经;色白,味辣属金,归入手太阴肺经和手阳明大肠经;色黑,味咸属水,归入足少阴肾经和足太阳膀胱经。该记载说明了五方色及其对应的五行属性和相应脏腑经脉间的关联。“五色五味”理论,对应《归经》中所述,即由酸、苦、甜、辣、咸五味对应蓝、红、黄、白、黑五色。韩国人认为五种颜色的药材或食材可以保护人体的五脏。

三、政治泛化的五方色

朝鲜王朝时期，尤其是中后期，朝堂上党派林立，各代的王一直试图消除这种党派间的内耗斗争，最终找到一个借用五方色融合的办法来体现政治融合、政治和谐，这种方式直到如今仍常被韩国政治家使用。在体现五方色饮食解决政治问题方面，以五色拌饭和五色荡平菜尤为典型。

2018年8月16日，为了促进党派间的合作，执政的文在寅总统和在野党院内代表①共进午餐。在午餐的餐桌上，五色拌饭（见图5.8）亮相。五色拌饭中使用的五种颜色的蔬菜符合执政党和在野四党的象征色，其中有象征执政党共同民主党的蓝色的蓝油花菜，象征在野党自由韩国党的红色的胡萝卜丝，象征在野党正未来党的薄荷色的西葫芦菜，象征民主和平党的绿色的菠菜和象征正义党的黄色的鸡蛋薄片丝。

图5.8 五色拌饭

这次午餐会中出现的食物可以称得上是新式“荡平食物”。至于何谓“荡平食物”，这里先卖一个关子，后面的内容会有具体介绍。五色拌饭本身

① 院内代表：根据韩国《国会法》，拥有20名议员以上的政治团体可组成国会院内交涉团体，相当于党团，在国会党派协商中充当协商单位。无党派议员如超过20人可以组成单独的交涉团体。各党派的交涉团体负责人由该党选出的院内代表担任，院内代表主管本党在国会事务，负责与其他交涉团体谈判磋商，研究并参与制定国会日程、全体会议议程及各委员会议程。

表达了政治融合的愿望，五种颜色也表达了希望能够和谐共处的诉求，都可以看作为了强调追求现代版“公平”的政治协商的信息。友好的政治协商本身是为了减少内斗，从而可以共同发展国家，是一种走向稳定的愿望，人民也乐于看到。有的专家则强调，对每一道菜品在每个细节方面都费尽心思，固然是一件非常美丽和令所有与会者愉快的事情，但是从另一个角度看，一边吃东西，一边还要为政治上的难题苦恼，又是一件多么令人难过的事情。比起考虑每个与会者的口味喜好等饮食取舍和健康方面的考量，考虑更多的却是社会氛围和社会状况，这其实表明了韩国社会本身存在非常不安的因素，反映了当前朝鲜半岛南北分裂、韩国内部南南分裂[①]的社会现状。如果社会可以融为一体，团结一致，拥有共同目标，就没有必要在餐桌上还要考虑这些符号性的细节问题了。

同年4月27日，文在寅和金正恩在板门店实现了历史性会晤。金正恩第一次跨过“三八线”来到属于韩国的一边，与文在寅进行了全方位的和平会谈，在当日晚间举行的宴会上，登场的菜肴也是如此费尽心思，注重各种细节，表达出了希望韩朝双方可以进一步积极沟通促进和平的愿望。晚宴中陆续登场的菜品包括文在寅童年时代居住过的釜山、金正恩幼年成长地瑞士、支持“阳光政策”[②]的韩国前总统金大中和卢武铉的故乡全南新安和庆南金海、朝鲜爱国作家尹伊桑的故乡庆南统营以及现代集团名誉会长郑周永向朝鲜赠送的牛群饲养地忠南瑞山等地出产的美食。最后的甜点是主题为“民族的春天”的芒果慕斯，使晚宴的气氛达到了高潮。

文在寅通过在各种场合不断推出蕴含希望民族统一、国家统一的特色食物，表达了韩国希望解决南北分裂、南南分裂社会现状的愿望。其实采取利用这种政治符号化的饮食来协调各方政治力量的事件，在朝鲜半岛历史

① 南北分裂指朝鲜和韩国的分裂状态；南南分裂指韩国国内各政治党派之间的激烈斗争状态。

② “阳光政策”的主要内容是韩国前总统金大中在就职演说中就韩朝关系所提出的和平共处等三大原则，即韩国对朝鲜“没有吞并的意图，不准许军事挑衅，追求和平共存”。后期，韩国前总统卢武铉继任后也积极坚持“阳光政策”，谋求和平的南北关系。

中并不是第一次出现。我们先来看一下与前面提到的荡平菜相关的故事。

17—18世纪的朝鲜王朝时期，是肃宗（1674—1720）、肃宗的儿子景宗（1720—1724）、肃宗另一个儿子英祖（1724—1776）以及英祖的孙子正祖（1776—1800）掌权的时期，朝鲜半岛上出现了和21世纪的韩国一样的由于党派斗争造成严重内耗，令统治者苦恼的状况。

自朝鲜王朝开创之初，以郑道传为首的开国功臣便从前朝贵族手中得到了大量土地[22]，并且进一步利用官方名义四处搜刮民间财富；同时得势的新任“两班”贵族[23]也在全国范围内私自圈占、抢夺老百姓的田地。最终的结果是“两班”贵族自肥自富，国家税收却日益减少，“两班”在经济上的膨胀导致了朝鲜王朝的羸弱。

而且，事态还在进一步发展中，到了世宗时期（1418—1450），“两班”贵族的圈地运动使得众多百姓最终被迫沦为佃农，“两班”贵族又利用佃农、奴婢开垦了更多的无人荒地，圈占了更多的土地。这些既得利益者为了维护他们千方百计搜刮来的巨额财富，就需要有人在朝中为自己说话，所以有限的官职成为朝中各方势力激烈争夺的标的，最终走向了门阀斗争。而这样做的后果就是造成了朝鲜王朝朝廷纲纪败坏、社会秩序混乱。

党争最早可以追溯到朝鲜王朝建立之初拥立李成桂称王的“勋旧派”和坚持效忠前朝高丽朝的“士林派”之间的派系斗争[24]。两派多年斗争，矛盾难以调和，直到明宗时期（1545—1567），此时“勋旧派”元老势力几近消亡，但“士林派”也不再是团结一心，小范围的政治团体已经形成，也就是朋党，士大夫斗争进入党争阶段，出现了“东人党”和“西人党”。“东人”和“西人”从此成为延续百年的“两班”官僚的出身门阀标签。[25]东西两党斗争初始时期，“东人党”一直占据上风，长期把持朝政，到处打压“西人党”。

即使同党派，执行时期也会因为利益分配或者理念问题产生矛盾而分裂。“东人党”在宣祖时期（1567—1608）就因如何对待失败的“西人党”的问题产生了重大分歧，最终分裂为温和派“南人党”和强硬派“北人党”。“北人党”掌权后又进而分裂为“大北党”和“小北党”。之后，“大北党”又进一步分裂为“骨北党”“肉北党”和“中北党”。

在仁祖(1595—1649)推翻光海君后,“西人党”终于得势,但很快也开始了分裂,先分裂为“勋西党”和“清西党”。“清西党”掌权后又再次分裂为“山党”“汉党”等。

来到肃宗时期,党争已经达到了白热化程度。肃宗为了平衡各方势力重新启用了“南人党”,但“南人党”在其主政期间竟也分裂为“清南派”和“浊南派”。分裂后的“南人党”元气大伤,“西人党”趁机掌权分裂出了以勋旧老臣为核心的“老论派”和以青年官员、儒生为核心的“少论派”。朝鲜王朝时期颇有代表性的“四色门阀”,即“南人”“北人”“老论”“少论”,自此正式登上了历史的舞台。其中,“南人”“北人”属于“东人党”,“老论”“少论”则属于“西人党”。

荡平菜就是在这样的党争背景下,由肃宗的儿子英祖首创,并被正祖推崇多年。

肃宗时期,党争的战线蔓延到了后宫,被后世称为“妖女”的张禧嫔在成为王妃后,其身后的“南人党”势力得到空前扩张,但张禧嫔不知收敛,在联合其兄张希载和“南人党”领袖闵黯无端兴起大狱时,被肃宗借机贬为一般妃嫔最终被赐死,其身后的“南人党”也随之土崩瓦解[26]。

在如此残酷的党争背景下,英祖同父异母的兄长景宗(肃宗与张禧嫔之子)去世后,英祖继位。当时,支持景宗的势力就散布景宗是被英祖毒杀的消息,致使出身低微的英祖的王权的正当性在当时遭受了极大的质疑和冲击。英祖被迫卷入了党争之中,处处小心,但也承受了巨大的压力,其间发生了因疑心自己的儿子参与谋反,导致儿子思悼世子活活被饿死在米柜中的惨事,史称“壬午祸变”[27]。在痛失爱子后,英祖追悔莫及,立志要重用真正的人才,而不是看其属于什么党派,积极追求公平政治,从而避免内耗事件的频繁发生。英祖颁布并实施了一项名为“荡平策”的政策[28]。

“荡平”一词取自中国的《尚书·洪范》中的“无偏无党,王道荡荡;无党无偏,王道平平;无反无侧,王道正直”,充分展现了英祖立志摆脱党派、消除党派纷争的决心。其孙正祖在掌权后坚持贯彻了该政策。英祖和正祖除明文禁止提及党派、努力均衡起用各党派贤臣之外,还试图通过象征性的方法来实现统合政治，其中最有名的象征性饮食就是荡平菜[29]。英祖将荡平菜赐给大臣们，以彰显其贯彻该政策的决心和其中所含“荡平”之义。荡平菜（见图5.9）是将绿豆凉粉切成细条后，和芹菜、牛肉、鸡蛋、烤紫菜一起拌制而成的。荡平菜容易让人联想到其积极推进的政治荡平及政治统合政策，因此，在那个时期非常流行。据说绿豆凉粉的青色、牛肉丝的红色、芹菜的绿色、海苔的黑色分别代表着朝鲜王朝时代掌握权势的“两班”党派，即“西人”“南人”“东人”和“北人”。荡平菜首次亮相是在“西人”执政时期，因此主材料用的是绿豆凉粉。

图5.9 荡平菜

荡平菜在这个时期的流行在李敬爱等撰写的考证朝鲜王朝后期饮食的论文《18世纪至20世纪60年代文献中出现的荡平菜的文献考察》中也有所体现。同样，1870年推出的黄泌秀的《名物纪略》中也提到“期待四色党派的荡平，将绿豆凉粉和其他各种材料混合制作的食物叫作‘荡平菜’”。另外，《韩国食品烹饪科学会刊》称有关荡平菜的记载最早出现在18世纪末的文献《京都杂志》和《故事十二集》中。因荡平菜所含的“公平政治”之义，所以其从当时一直流行至今。

无论是荡平菜还是五色拌饭均出现了“五色五味”，强调政党融合，公平政治。旨在协调四色党派的“荡平策”在社会上的影响力非常大，由此流行的除了荡平菜，还有五味子茶、五方色彩袋等。当人们看到荡平菜以及“五色五味"菜肴时，就会联想到英祖正祖所坚持的荡平政治。得益于荡平菜中对每一种饮食都细心考虑，虽然并不完美，但在英祖、正祖时期已经实现了一定程度的政治融合。在这样的基础上，王权在一定程度上得到了强化，并适时出台了一系列面向全体百姓的惠民政策。由于各党派的利害关系均被抑制，为民政治在一定程度上得以实现。

荡平菜和五味子茶在宣传荡平政治以及吸引百姓关注方面，确实起到了非常大的作用。当前的韩国人，也和18世纪朝鲜王朝时代的人们一样迫切希望党派融合、国家统一。所以无论在南北首脑会谈或朝野院内代表会晤中，他们针对每一种食物都花费心思，期盼在一定程度上实现政治融合，减少内耗，真正致力于推动国家发展。

四、"五色五味"的韩食

除了荡平菜和拌饭，韩餐中使用"五色五味"概念的饮食还有许多。其实不难发现，韩餐整体的主旋律几乎都是围绕"五色五味"来展开的，"五色五味"已经是韩餐的一个显著特征。下面我们来具体领略几种具有代表性的"五色五味"韩国饮食。

（一）五色松饼

五色松饼（见图5.10）是在孩子百日宴或"册礼"上吃的糕点。孩子出生百日时，为了纪念孩子平安度过百日，同时为了孩子以后可以健康成长，会将五色松饼摆上百日宴。百日宴上还会有白色的米饭、黑色的海带汤、蓝色的拌野菜、白色的米蒸糕和红色的红豆沙糯米糕等，各种食物各有含义。五色松饼与秋夕节时制作的松饼不太一样，其颜色是五彩的、外形小巧玲珑。五色蕴含五行、五德、五味等含义，寓意为"万物和谐"。除了百日宴外，在旧时孩子读私塾时因每学会一卷书而举行的"册礼"上，也会做五色松饼分享庆祝。

图5.10 五色松饼

五色松饼的做法是将粳米洗净，加水充分泡胀，放入食盐后捣碎，并放在筛子中筛成细粉，分成五等份备用。在五份米粉中加入水（白）、栀子水（黄）、五味子水（红）、葡萄汁（黑）、艾蒿汁（绿）搅拌均匀和成面团。将芝麻盐、松子粉、白糖均匀搅拌制成馅。将每个面团切成栗子大小，揉成圆饼后放入馅团做成松饼。在笼屉里铺上松叶放上松饼，用大火蒸30分钟，然后把松饼在凉水里漂洗，再涂上香油、摆入器皿，最后呈上桌即可。

（二）五色琼团

五色琼团（见图5.11）是用糯米粉做成糯米团，分成小份后揉成团状，然后用水煮一下，再粘上各色豆蓉制成的糕点。糯米琼团最早在古籍《要录》（1680）中出现，被叫作“琼团饼”；之后《增补山林经济》（1766）、《饮食方文》、《是议全书》、《简便朝鲜料理制法》（1934）、《朝鲜料理制法》（1938）以及《朝鲜无双新式料理制法》等详细记录了其制作方法。五色琼团所沾的豆蓉一般有黄豆蓉、栗子蓉、黑芝麻蓉、红豆沙蓉、绿豆沙蓉、大枣蓉等，根据所沾豆蓉的不同可制成不同的琼团。

图 5.11 五色琼团

(三)华阳炙

华阳炙(见图5.12)的做法是将桔梗、牛肉、野鸡肉、家鸡肉、生鲍鱼等用清水煮熟后,配以胡萝卜和黄瓜,切成条状,按照颜色用竹签穿在一起,抹上酱汁食用。相对于营养方面,华阳炙更重视整体色彩的协调。一般来讲,华阳炙用的肉类包括牛肉、猪肉、家鸡肉、野鸡肉等;还会用牛内脏,比如牛肚、牛肠、牛百叶等;用的鱼贝有章鱼、海参等;用的蔬菜有桔梗、冬瓜、葱、香菇、胡萝卜、黄瓜等。华阳炙一直是朝鲜半岛宫廷饮食中的常见菜肴。

图 5.12 华阳炙

(四)五色石锅拌饭

五色石锅拌饭(见图5.13)是指在石锅中做熟饭后,将提前准备好的五色蔬菜按照圆形码放好,在中间放入一个溏心煎蛋,再按照个人口味放入辣椒酱，快速搅拌即成。这种拌饭做好后，热乎乎地配上豆芽汤吃下，别提多舒服了。由于石锅受热均匀，米饭不会煳；另外由于石锅能吸收热量，米饭能长时间保温。新的石锅要用稻草烧一下，然后放在潮湿的地方冷却，反复三四次后，就会变得更加结实，可长时间使用。

图 5.13 五色石锅拌饭

石锅拌饭内含多种食材，是营养非常均衡的一种食物。可以根据季节准备三种或三种以上的时令蔬菜，如黄瓜、西葫芦、菠菜、水芹、艾蒿、桔梗、绿豆芽、黄豆芽、蕨菜、黄花菜等。在朝鲜半岛的宫廷里，石锅拌饭被称为“骨董饭”，要在除夕制作和食用，据说是为了剩菜不跨年。

在家制作拌饭也很简单。将切好的黄瓜、小南瓜用盐把水分渍出来，然后分别炒制备用；用水把黄豆芽或绿豆芽煮好后放入调味料拌好备用；香菇用油煎一下切成片备用；胡萝卜切成丝后煮一下备用；把鸡蛋煎至溏心备用；最后将准备好的菜按照圆形码放在石锅米饭上，中间放入煎蛋即准备完成。如果没有石锅，用砂锅也是可以的，将砂锅加热后在锅底抹上香油，放入米饭，再将准备好的食材一一码放，加入辣椒酱搅拌食用即可。石锅拌饭在吃的过程中锅底会结成锅巴，将锅巴掺在柔软的米饭中，软硬结合，可增添别样口感。

（五）九节板

九节板（见图 5.14）将韩餐的“五色”表现得淋漓尽致，木盒中各种菜式按照四方八位围绕中间整齐摆放,非常赏心悦目。中间位置为薄饼,由五种蔬菜汁制成五种不同口味,其他八种配菜一般有蕨菜、牛肉丝、鸡蛋丝、胡萝卜丝、金针菇、香菇、黄瓜丝等。当然根据季节,配菜可以灵活配置。

图5.14 九节板

第四节 药食同源

受到我国的影响，韩国也非常推崇中医。近现代虽然随着西医的不断发展进步，中医受到了不小的影响，但是在韩国，它仍非常有市场，受众颇多。20纪50年代后，韩国在经历了多次“去中国化”运动之后，就把“汉医(中医)”改成了“韩医”，虽然韩语的书写不变，都是“한의”，但其含义已经否定了其源于中国的事实，就连教科书上有关中医的描述也被写成在朝鲜半岛自发形成的医学，现在大多数韩国年轻人根本不知道“韩医”源于中国的事实。

在韩国，尤其在富人聚集的社区，都会有韩医院的身影，无论大小，生意都非常火爆。每当感觉家里人很辛苦时，亲人们就会到韩医院安排几副“韩药”来给家人补一下身体，各种“韩药”配方的高级补药礼盒就成了逢年过节馈赠亲友的“硬通货”。其中，红参产品，例如正官庄牌的红参产品，更是风靡全球，去韩国旅游的人回国的时候总会带上一两盒。

中医有一个非常重要的理论就是“药食同源”，指许多食物即药物，有些药物也能作为食物加入菜肴中，食物和药物并没有绝对的分界线。由于中药自古便在朝鲜半岛流传，古时没有西医，所以韩餐在许多方面体现了“药食同源”的思想。

食物不只是为了味道而吃的，首要目的还是补充使人可以健康长寿所必需的营养成分。在朝鲜半岛生活的人们很早便利用应季的上好食材做出各色美味的饮食，经过时间的沉淀与技艺革新，最终形成了如今韩餐的模样。现在，随着生活水平的提高，各色食材的获取已经不是什么难事，但是人们对健康美味食物的追求却和旧时没有什么两样。当感到压力较大，以至于疲惫困倦或者体力逐渐变弱时，人们就会考虑是不是应该吃一些对身体好的东西了。其实，现在看来，虽然这个朴素的想法已经成为人们下意识的想法，但其实这也是在漫长岁月里一辈一辈传承下来的思想，是在认同

“药食同源”的前提下才会产生的，也是最能体现韩餐特征的地方之一。或者简单地讲，在维持人的健康方面，药物和食物的本源是相同的。中医讲究阴阳调和与五行顺畅，生病就是指身体的协调状态被打破，需要通过饮食重新找到新的协调状态。

“药食同源”的概念可以用食疗来解释，其从朝鲜王朝时代开始在韩国一直被视为一个相当重要的理念，甚至当时的儒学家们认为与药物相比饮食的治疗效果更佳。在当时，儒家思想占主导地位，儒学家们认为无法控制的疾病可将人分为完全者和不完全者，具体讲就是能够自我控制的人和不能自我控制的人。完全者可以通过自律的饮食调理战胜疾病、恢复如初；而不完全者并不能自律饮食，所以最终只能被疾病得逞、遭受痛苦。

在韩国“药食同源”最基本的实践表现形式就是最常见的韩餐摆桌。《食疗纂要》等古籍记载，平时为了更好的健康管理，应定时根据需要吃些补养品。能够达到和药物等同作用的饭菜，即药膳，就是这个道理的实践。药膳中主要添加中草药，是一种具有营养、补养、治愈等功能的食品。人们会在饭菜中添加具有预防或治疗疾病作用或者以补养身体为目的的药材，或放入具有类似药用价值的植物，搭配而成药膳。

在韩国，一般认为可以针对气、血、阴、阳四个方面进行补养，其对应的补养食材见表5.3。

表5.3 气、血、阴、阳类补养食材表

滋补性质	食材
补气	人参、山药、地瓜、生姜、葱、土豆、柚子、松子、樱桃、高粱、鲤鱼、泥鳅、鳝鱼等
补血	藕、当归、桔梗、荠菜、菠菜、大枣、五味子、鲫鱼、海螺、牛肉、海带、裙带菜等
补阴	五加皮、豆芽、大蒜、水芹菜、艾蒿、桑葚、覆盆子、核桃、黄花鱼、虾、鲍鱼、山羊肉、鸡肉、狗肉、鸭肉等
补阳	胡萝卜、沙参、芋头、野蒜、生菜、西瓜、木瓜、黄瓜、豆类、薏米、黑鱼、青鱼、蛤蜊、豆腐、兔子肉、猪肉、蘑菇等

图5.15 参鸡汤

朝鲜半岛四季分明、三面环海，食材丰富，有各式各样的补养食品。下面介绍一下以参鸡汤（见图5.15）、狗肉汤、烤鳗鱼等为代表的几种补养食品。

（一）参鸡汤

参鸡汤是夏季不可或缺的能量加油站。参鸡汤是在鸡的肚子里放入糯米、大蒜、大枣、人参等后放入水中长时间炖制而成的。韩国养生食品中有很多热汤，参鸡汤就是其中最为有名的汤品之一。三伏天里，为什么还要喝热汤呢？其实理由很简单，喝热汤就会使人流汗，汗水蒸发的过程可以使人的体温下降。发汗可以使人身体中积攒的夏日火气一下就散发出来，使人身心愉悦。一般参鸡汤都是用白肉鸡来做，但也有用乌鸡做的，作为药用。乌鸡的功效在《东医宝鉴》中也有具体说明，其可预防风邪，对于女性产后调理等有帮助。

当然如同参鸡汤一样一定要以热汤形式的饮食固然有“以热制热”的道理，但是也有许多人不喜欢这种方式，那夏天里有没有凉爽的鸡汤饮食呢？答案是有的。旧时宫廷中或“两班”阶层都喜欢吃以鸡丝为主料，同时放入牛肉和蛋卷，并浇上凉芝麻汤汁，冷却后食用的汤食，名为“荏子水汤”（见图5.16）。这种鸡汤和芝麻汤一起食用，是营养丰富的宫廷冷食补身佳品。

图5.16 荏子水汤

另外，还有一种鸡汤饮食名为“醋鸡汤”。做法为在冷的鸡汤里用醋和芥末调味，鸡肉撕成小块放进去后食用，是冬天里的美食。来到现代，由于制冷设备的普及，最近也常将其作为夏季滋补品来吃。

参鸡汤其实最开始叫作“鸡参汤”，但随着人们对健康的重视以及对“药食同源”理论的认同，人参这个自带光环的食材就被推向了第一线，作为主料的鸡反而成了配角。

说到参鸡汤，不得不提起最近闹得沸沸扬扬的“参鸡汤起源”事件。最近韩国有人发现百度百科中对于参鸡汤的解释为“参鸡汤是一道以人参、童子鸡和糯米煲成的中国古老的广东粤菜汤类家常菜之一，传至韩国后成为最具代表性的韩国宫中料理之一”，这一下如同“泡菜起源”事件一般，又触动了韩国人的神经，加上韩国媒体添油加醋的多方报道，事件最终发酵成为一个现象级事件。

韩国极力否认各种饮食、文化现象等起源于中国，是其政府长期不让国民学习汉字的一个必然结果。随着社会的发展，一度深受中华文化影响的韩国，为了改变中华文化至上的正统地位，为了建立立足于朝鲜半岛的独特的自主的国家认同感，不断从文化、语言等各个层面开展了“去中国化”的政治及社会运动。就文化层面来讲，追根溯源，朝鲜半岛自古便尊中国文化为正宗，朝鲜王朝时期的正式公文与书籍一度甚至仅以汉字写成。1945年后，在美国的强力干预下，韩国中小学教科书中废除了汉字，后来又制定了《韩文专用法》，在小学教育中完全废除汉字教育。20世纪80年代的民主化及民族运动又掀起了新一轮的“去中国化”运动，其内涵是全面使用韩国文字，全面取消汉字使用，首都的中文名从原来的汉城改为首尔，企图向世界宣告脱离中华文化的影响，并建立独特的民族文化。现在韩国人通常只把汉字应用于专有名词，例如国名、地名、人名等。最近随着中国的快速发展，韩国在慢慢恢复一定范围内的汉字的使用。但韩国社会有时会因这种汉字缺失造成许多麻烦，韩语只是表音语言，一个韩语词的发音可以对应很多含义，如果没有汉字对其进行区分，没有上下文的话，韩国人也分不清楚这个词到底是应该对应哪个含义。所以看似是关于泡菜、参鸡汤起源的争议，其实归根结底是是否承认中国文化影响的一次文化层面的较量。我国目前综合实力已经大幅提升，但在对外软实力的提升方面还有许多工作要做。在国外，这种对中华文化影响的抵触情绪，其实并不仅仅是在韩国，在越南、马来西亚等东南亚国家也不断发酵。我们需要在对外输出技术的同时，积极将我国具有悠久历史的优秀传统文化一并推向世界。

（二）狗肉汤

虽然对于一些外国人来说，狗肉汤是比较忌讳的食物，但它在韩国庆尚北道地区是一道具有非常悠久历史的传统乡土美食。将狗肉充分煮熟，准备成白切肉，再往用骨头熬制的汤中加入腌好的干白菜、芋头等，待煮熟后，再放入韭菜、大葱、大蒜、生姜等煮熟，最后将肉和汤盛入碗中食用。《东医宝鉴》中有“狗肉性热无毒”的说法，认为它可舒五脏、调血脉、壮肠胃、充骨髓、温腰膝，增进体力。

《东医宝鉴》引用《本草纲目》称“黄狗肉最胜”，即虽然都是狗肉，也分等级，黄狗肉最好，白狗肉和黑狗肉次之。另外，《东医宝鉴》中还提到在九月不能吃狗肉，并且狗肉也不要和大蒜一起吃。但是不难看出在上面狗肉汤的做法中其实也是用大蒜去腥的，这一点和《东医宝鉴》中的论述并不一致。

狗肉汤在韩国又叫作“补身汤”，还有一个更为形象的名字——“蒙蒙汤”，这里的“蒙蒙”读一声，也就是韩语中狗的叫声“멍멍(meong-meong)”。

随着韩国养宠物的人越来越多，年轻人中吃狗肉的越来越少，甚至如果吃了狗肉会被同学或同事歧视，所以狗肉馆也越来越少，食客大多是50岁以上的男士。

（三）烤鳗鱼

高蛋白低脂肪的鳗鱼也是韩国人经常吃的补品。鳗鱼富含各种维生素，包括维生素A、维生素B、维生素C等，可预防疲劳、老化，快速恢复体力；同时富含大量胶原蛋白、不饱和脂肪酸和钙质，是滋补身体的食物。鳗鱼的做法一般以烤鳗鱼为主，全罗北道高敞地区的丰川烤鳗鱼最有名。

（四）驼酪粥和煎药

驼酪粥（见图5.17）和煎药（见图5.18）一般都是王的补品。驼酪粥是一种比较独特的补品，其实就是牛奶粥，据说古时宫廷中王室成员生病或身体虚弱时，就将泡好的粳米磨碎后放入牛奶中煮成粥服下。因为是王的滋补食品，所以并不是负责王饮食的厨房来做，而是由负责王身体健康的内医院做好后呈给王。据传，这道菜对于臣子来讲是王赐给的最珍贵的食物。这在《芝峰类说》《闺合丛书》《朝鲜料理制法》等古籍中都有记载。

图5.17 驼酪粥

图5.18 煎药

煎药是将牛脚和猪皮煮熬制成的皮冻，其在熬制过程中加入了肉桂和大枣等温性草药，可以提高身体抗寒的能力。据传在冬天，内医院都会为王抵御严寒准备熬制一些煎药。煎药在《需云杂方》中有相关记载。

附录

韩国饮食文化快问快答

1. 问:据说在韩国有许多和同事一起聚会喝酒的场合,这些场合有什么样礼仪呢?

答:韩国受到儒家思想的影响,喝酒需要遵守尊敬长辈避席的规矩,即给年长的人倒酒的时候要用双手,喝酒的时候也要朝没有人的那边转过头去背身喝掉。

这里还有一个比较特别的地方,就是韩国人敬酒不只是往对方的酒杯中倒酒,还会将自己的酒杯递给对方,自己给对方满上后,对方喝完再把同一个杯子递回来,也给敬酒人满上,这时敬酒人要双手接过来一饮而尽。虽然看着感觉不怎么卫生,但这是韩国的文化传统。一般这种敬酒在酒局开始阶段比较少,待到酒局高潮阶段才会比较多。

韩国人聚会,第一场会在比较正式的饭店,一般会喝烧酒和啤酒。待到大家喝高兴了,就会转场到第二个地方,一般为西式酒吧,会喝啤酒,配菜是炸鸡、炸薯条等。之后酒喝得差不多了,就会继续转场到练歌房唱歌,这时会继续喝啤酒或饮料,配菜是水果。一般三场结束后大部分人都会自行离去,当然仍会有好酒的关系好的同事三三两两再到吃猪蹄的饭馆或者路边摊喝米酒或者烧酒。有极端者,晚上六点多开始第一场酒局,一直喝到第二天凌晨结束,然后喝一碗醒酒汤就直接上班去了。另外,韩国人爱喝混酒,也就电视剧里我们经常看到的名为“炮弹酒”的混酒,配方很简单,最常见的是啤酒+烧酒,女士的话比较喜欢烧酒+雪碧/可乐。韩国人嗜酒,但是市面上最常见的烧酒也就是16度到20度,只喝一种酒的话,不容易醉,而由于工作压力大,晚上聚会的时候,都想着快点醉起来,所以“炮弹酒”就流行起来了。

在韩国,如果不参与同事间的聚会,很容易被孤立,融不到小圈子里,所以有些新人即使自己不好酒或不喝酒也不得不积极参加这样的酒局,结果就是喝得酩酊大醉。

2. 问:韩国人早上吃什么?

答:韩国人早上仍会吃米饭,米饭真是韩国人的最爱。早饭虽然不会像午饭和晚饭那样丰盛,但是基本上仍是由饭、汤和小菜组成的。在韩国,几乎没有早餐店,一般的饭店会在中午十一点左右的时候开门迎客,所以韩国人没有出门吃早饭的习惯。虽然传统饭店偶尔也会提供早餐,但都是应一些出租车司机或者建筑工人的要求而提供的,会在门口挂上“早餐可能”的标志。当然,现代上班族本来就忙碌,所以简单地吃些吐司面包,喝杯咖啡,或者直接不吃早饭的人越来越多。

3. 问:韩国人一般的家常饭是什么样子?是像韩定食店一样摆那么多盘子吗?

答:一般只有米饭、汤和泡菜以及几种干菜吃。就算大家族也不会像韩定食店那般摆上一大桌吃的。在家里吃饭的话,不仅没有那么多时间摆,而且现在家庭人口越来越少,摆那么多碟菜,很容易造成浪费。他们基本会以米饭和汤为主,早上可能烤一个鱼,中午一般在公司吃,晚上会加一个炖菜和一个肉类的佐餐之类的。现代韩国人已经没有必须要摆三碟、五碟的概念了,变得非常随性了。

4. 问:汤菜或炖菜里的菜吃完后,剩下的汤能喝吗?

答:当然可以喝。在韩国,汤菜或炖菜里的菜连同汤是一体的,并不是分开算的。此外,还有人喜欢只喝汤。

5. 问:韩国人平均多久下一次馆子? 晚饭主要在家里吃吗?

答:韩国的餐饮业非常发达,到过韩国的人可以看到,满目都是饭店的招牌,一般走不了多少路就能找到不错的饭店。至于韩国人平均多久下一次馆子,这个可以说经常,如果需要量化的话,每周一次都是少的。因为韩国餐馆一般价格不高,韩国人周末或者节假日就会出门到处逛逛顺便吃顿好吃的。对于晚饭是不是主要在家里吃,还要看工作性质,晚饭是可以进行聚会联络感情的时间,加班多、应酬多的人自然就在外边吃晚饭了,能够定点下班回家的人自然在家吃晚饭的机会就多些。其实全家可以聚齐的时间应该是早上,因为无论是上班族还是上学族,一般回到家的时间都不一定,晚饭时间也就不能统一。

6. 问:韩国人都很能吃辣吗?

答:韩国人自己讲的话,韩国人是能吃辣的,但笔者认为他们只能算是喜欢吃辣。韩国人吃的辣以甜辣为主,看着红红的一片,其实并不怎么辣,辣味只能算提味,相对于我国能吃辣的四川、重庆、江西、贵州、湖南等地,基本上就不算什么了。韩国人到中国第一次吃火锅时一般都会点中辣,之后再吃的话基本就会要微辣或者直接要鸳鸯锅了。但是在韩国,辣椒的用量确实大,做泡菜、做大酱等都会放入辣椒。辣炒年糕、炸鸡、辣炒鸡排等人气美食也因其辣味吸引了大量年轻食客,食客在大快朵颐的同时,也在频繁倒吸冷气,端起凉水桶频繁给自己倒水解辣。

7. 问:韩国餐厅使用的筷子为什么都是用金属做的,很扁?

答:韩国国土狭小,为了节省资源,就把消耗量大的筷子用金属来做,以提高筷子的重复利用率。另外,因为饮食文化的差异,中国的食物大体上以炒菜为主,因为热传递性好,所以无法使用金属筷子。日本饮食中生鱼、魔芋等滑滑的食物较多,所以筷子头多为尖尖的,使用的时候可以夹也可以插。但在受儒家文化影响的韩国,即使是金属筷子,筷子头也是扁扁的,并不尖。插筷子的动作在中国文化中属于"冥文化",也就是"阴文化",是在祭祀的时候才会做的动作,所以在中国筷子绝对不能做成尖尖的。与中国筷子相比,韩国筷子变短了,且一般只有夹的功能。韩国饮食以汤类为主,使用发酵的大酱或鱼虾酱,使用木质筷子的话,时间久了会残留食物的味道,对人体不好。并且韩国人每天必吃的泡菜中红辣椒比较多,时间久了也会将筷子染色并留下泡菜的味道。

8. 问:韩国人平时吃饭也像韩剧中那样一手拿筷子一手拿勺子同时用吗?

答:这其实是一种错误的习惯。勺子和筷子是不能同时使用的。勺子主要用来喝汤,也用来吃饭,方法是挖一口饭放在碗中,用筷子把菜放到勺中的米饭上,用勺把饭和菜一起送入口中,筷子一般不会用来吃米饭,只负责夹菜。

9. 问:烧酒和米酒有什么不同? 为什么米酒和肉不一起食用呢?

答:烧酒是蒸馏酒,米酒是发酵酒。烧酒原来是以大米为主料,配以小麦、大麦等粮食蒸馏而成的,但到了1965年,为了缓解战争带来的粮食紧缺,保障国家的粮食安全,韩国政府禁止使用传统的谷物蒸馏工艺酿酒。从那时起,烧酒主要的制造方法就变成了用水稀释酒精并加入香料。今天大量的廉价烧酒就是用这种方法制造出来的。在韩国,烧酒的价格大约是人民币6—7元。韩国政府规定稀释烧酒不超过35度,一般都在20度以下。相对于其他酒类,烧酒的价格低廉,所以它是韩国最普通的酒精饮品。韩国只有几个地区仍然可以用传统的方法生产烧酒,最著名的就是安东市,但是产量很小。

米酒和肉也不是不一起吃,可能是因为和肉食一起不“搭”,米酒经常在搭配其他食物时才喝。经常喝酒吃肉食如吃五花肉、生鱼片、炸鸡时,如果配上甜丝丝的马格利酒,口感会变得太油腻了,米酒和海鲜葱饼以及米肠、内脏等一起吃就会很“搭”。另外,烧酒几乎没有什么酒味,口感也甜甜的,所以中国人第一次喝一般不会太在意,不知不觉就会喝掉两三瓶。曾经有俄罗斯人到韩国后,在餐桌上喝掉了两瓶烧酒,问旁边的人“只有这个软水吗？没有酒吗?”旁边的韩国人听了哭笑不得,尴尬不已。因为烧酒是勾兑的,所以喝酒后第二天宿醉感会特别强,头会疼,这一点跟中国高度酒不一样。中国高度酒虽然也会醉人,但是饮用者第二天不会头疼。马格利酒就更有迷惑性了,因为是酿造酒而且一般在5度以下,现代工艺中还压入了二氧化碳,非常爽口,第一次喝会误认为是非酒精饮料,但后劲儿比较大,和喝葡萄酒的后劲儿类似。

在韩国不管哪一品牌的烧酒,都是用绿色瓶子包装的。韩国的烧酒以前多用透明瓶包装,直到1994年新上市的一款名为“Green”的烧酒,破天荒地使用绿色酒瓶以来,其他烧酒品牌纷纷跟进,将包装改成了绿色。有人分析,绿色本身可以使人联想到“自然”“环保”“卫生”“无毒”等正面符号,有助于烧酒的市场推广。另外,在回收酒瓶时,可以减少处理的成本。在韩国,啤酒瓶多为褐色,主要原因是啤酒是发酵而成的,如果用透明瓶的话,当阳光直射在酒瓶上时,会因为阳光带来的化学作用,影响啤酒的味道,所以大部分啤酒商都使用可以有效隔离阳光影响的褐色酒瓶装啤酒,而且褐色本色和啤酒颜色比较相近,人们看到褐色酒瓶就能联想到啤酒。那么马格利酒就为什么不用玻璃瓶,却以塑料瓶包装为主呢？原因是米酒内的碳酸在发酵过程中会产生二氧化碳,当米酒灌装到酒瓶内时,仍会继续发酵,为了避免气体膨胀造成爆炸伤人,韩国的马格利酒一般都会用塑料瓶来封装,因为塑料本身就有很好的延展性,即使有少量碰撞,也不至于爆炸伤人。

10. 问:韩式餐厅里为什么会向顾客提供剪刀呢?

答:肉类或泡菜有时候块儿比较大,需要用剪刀剪开;吃冷面的时候也会因为冷面太长而用剪刀横竖各剪一下。另外,韩式餐厅里用的剪刀并不是普通剪刀,而是符合餐饮标准的专用剪刀。

11. 问:为什么韩国餐厅提供那么多小菜？追加小菜需要另外给钱吗?

答:因为米饭是主食,佐餐是副食。在韩国,饭和主菜配上佐餐一起吃是一种文化，如果佐餐小菜吃完，饭还没有吃完，相当于饭的成分不完整了，这时店家一般都会把吃完的佐餐小菜再补上。所以如果点主菜和米饭，店家会免费提供附带的佐餐小菜，不过量比较少，吃完后是可以让店家给续上的，这样一来，就避免了浪费。

12. 问：韩国人吃完烤肉，最后为什么又要点米饭或面条这类主食呢？

答：这正是因为韩国饮食文化中对于主食和副食的明确区分。肉类虽然美味，只吃它也能吃饱，但它只是副食，只吃副食的话，这一餐是不完整的，只有吃了主食也就是米饭或者面条，才算是圆满了。

参考文献

[1]魏嵩山.朝鲜八道建置沿革考[J].韩国研究论丛,1996(0):310-324.

[2]赵荣光.热眼旁观韩国食文化三十年[C]//第十五届中国韩国学国际研讨会论文集·哲学社会经济卷(韩国研究丛书之五十九).金健人.北京:北京民族出版社,2014:189-218.

[3]韩国统计厅:韩国双职工家庭与独居家庭均增加[EB/OL].(2019-06-28)[2021-02-01].http://korea.people.com.cn/n1/2019/0628/c407864-31201204.html.

[4]周达生.中国的食文化[M].大阪:创元社,1989:131.

[5]裴永东.寻找韩国文化的原形(2):我们的匙和筷[J].韩国论坛(26),1991:153.

[6]李云泉.朝贡制度史论:中国古代对外关系体制研究[M].北京:新华出版社,2004:71-72.

[7]黑龙江省农业农村厅.亚洲水稻概况:韩国[EB/OL].(2020-10-13)[2021-03-09].https://www.sohu.com/a/424442642_120207625.

[8]彭歌.韩餐:雄心勃勃的世界化战略[EB/OL].(2017-08-10)[2021-03-23].https://www.sohu.com/a/163703244_211269.

[9]金台咨询.韩国便利店数量持续增长[EB/OL].(2021-01-13)[2021-03-23].https://baijiahao.baidu.com/s?id=1688722478246080397&wfr=spider&for=pc.

[10]疫情拉动“宅”经济 韩国成世界第三大餐饮外卖市场[EB/OL].(2020-10-15)[2021-03-25].https://baijiahao.baidu.com/s?id=1680619749873726069&wfr=spider&for=pc.

[11]中央电视台.《舌尖上的中国》第一季第四集[EB/OL].(2018-02-15)

[2021-05-08].https://tv.cctv.com/2018/02/15/VIDENUwNi7VcRQzJK4JbwxNZ180215.shtml.
[12]长寿 韩国人三餐离不开大酱[EB/OL].(2008-12-05)[2021-05-12].https://fashion.ifeng.com/travel/world/detail_2008_12/05/151150_1.shtml.
[13]韩国大酱村80岁不算长寿 与吃大酱多有关[EB/OL].(2007-12-06)[2021-05-12].https://health.sohu.com/20071206/n253826563.shtml.
[14]韩国长寿人都爱吃什么[EB/OL].(2007-10-11)[2021-05-12].https://health.sohu.com/20071011/n252582646.shtml.
[15]周爱东.韩国泡菜与中国的"菹"[J].扬州大学烹饪学报,2009,26(3):15-18.
[16]多余复杂.辣椒:你不了解我的起源[EB/OL].(2018-06-15)[2021-05-23].http://www.360doc.com/content/18/0615/20/31764195_762708499.shtml.
[17]eoajfl.건강(말린 생강)의 유래와 리작용[EB/OL].(2020-03-09)[2021-05-23].https://blog.naver.com/tjdwlsdoql/221845570804.
[18]阮光锋.泡菜:到底是健康的食品,还是致癌食品?[EB/OL].(2015-10-21)[2021-05-30].https://www.chunyuyisheng.com/pc/article/111261/.
[19]郑云溶.泡菜(Kimchi):韩国代表性的传统发酵食品[J].食品与发酵工业,2002(5):73.
[20]从上下到五方:礼仪的色谱与"五色"概念之形成[EB/OL].(2017-11-30)[2021-08-23].https://www.sohu.com/a/207657067_565843?sec=wd.
[21]王蕊,史丽萍,郭义.《黄帝内经》之"五色五味"[J].长春中医药大学学报,2014,30(1):1-3.
[22]金惠承.朝鲜朝经济体制中存在的问题及其成因:以国家、农民和土地之间的关系为中心[J].韩国学论文集,2005(0):57-75.
[23]朴晋康.朝鲜"两班"研究[D].延吉:延边大学,2015.
[24]蒲笑微.朝鲜王朝朋党政治研究[D].延吉:延边大学,2016.
[25]宗玲.朝鲜"仁祖反正"与明廷"封典"问题研究[D].吉林:北华大学,2019.

[26]禧嫔张氏[EB/OL].(2021-08-01)[2021-10-31].https://www.doopedia.co.kr/doopedia/master/master.do?_method=view&MAS_IDX=101013000739173.

[27]壬午祸变 [EB/OL].(2021-08-05)[2021-10-31].http://encykorea.aks.ac.kr/Contents/SearchNavi?keyword=임오화변&ridx=0&tot=19.

[28]冯琦.朴世采礼学思想研究:以服制说和荡平策为中心[D].济南:山东大学,2015.

[29]荡平菜[EB/OL].(2021-07-28)[2021-10-31].https://terms.naver.com/entry.naver?docId=3384872&cid=42701&categoryId=58381.